# 애플스토어에 가면
# 왜 기분이 좋을까

지의 크로키 03

# 애플스토어에 가면 왜 기분이 좋을까

── 건축가의 시선으로 본 애플스토어 ──

이중원 지음

성균관대학교 출판부

차례

# 들어가는 글

***일러두기**

1) 애플스토어의 초기 건축가는 '볼린 시윈스키 잭슨(Bohlin Cywinski Jackson)'이었다. 세 명의 파트너가 세운 이 건축사사무소는 미국 유펜 출신의 건축가 그룹이다. 하지만 이 책에서 다루는 대부분의 애플스토어는 '포스터+파트너스(Foster+Partners)'가 설계했다.
2) 전 세계에 있는 535개의 애플스토어를 모두 다루기는 불가능하므로, 지면이 허락하는 범위 내에서 9개의 애플스토어 매장을 네 가지 유형으로 나누어 살핀다. 애플스토어 중에는 리모델링형도 있지만, 이 책에서는 다루지 않는다.

최근 애플이 세계 여러 도시에 지은 애플스토어는 신선한 충격을 준다. 가로수길, 명동, 홍대 등 서울 주요 지역도 예외는 아니다. 지난 25년간 애플은 전 세계 주요 도시에 약 535개의 애플스토어를 열었고, 그 수는 현재도 증가 중이다.

애플스토어는 각 도시에서 때로는 독립 파빌리온형으로, 때로는 마천루 로비형으로, 때로는 지하형으로, 때로는 쇼핑몰 연계형으로 나타나는데, 이 책은 세계 주요 애플스토어를 네 가지 건축 유형에 따라 나눠서 살펴본다.

오늘날 애플은 이름 자체가 브랜드이고, 자본과 기술의 최첨단을 보여준다. 애플스토어 역시 그 제품만큼이나 신선하고 감각적인 공간으로, 오픈하는 곳마다 거리를 되살리고, 도시의 광장을 회복한다. 세계 주요 매장마다 도시의 랜드마크가 되고, 세워지는 거리마다 핫플로 변한다. 이제는 글로벌기업이 미래 도시를 여는 주체이고, 이들이 만드는 건축이 앞으로 도시의 얼굴을 바꾸는 견인차다. 지금 애플스토어를 살펴보는 것이 필요한 이유다.

애플이 애플스토어의 대지를 고르는 기준은 무엇일까? 크게 역사성, 관계성, 유동성, 문화성을 들 수 있다. 이 책은 애플스토어의 건축적 특징과 함께 이러한 것들도 살펴볼 것이다.

얼핏 애플스토어는 다른 상업 매장과 비슷해 보이지만, 실은 그렇지 않다. 애플은 제품의 매출 증대보다 새로운 문화 허브를 각 도시에 마치 선물처럼 주고 싶어 했다. 그러다 보니 도시의 과거와 미래를 현재와 이으려고 노력한다. 애플은 스마트하게 땅을 볼 줄 알고, 사람들의 흐름을 잘 파악해서 도시의 어느 부분이 그 도시의 가장 중심 맥인지 정확히 안다. 각 도시의 번화가는 특정한 조건과 역사적 맥락이 있는데, 애플은 이를 누구보다 빨리 찾아낸다. 그 도시의 자부심을 알고, 도시의 상업이 가는 방향을 안다.

또한 건축적으로 다른 상업 매장에서는 누리지 못하는 최상급 공간적 체험을 애플스토어에서 가능하게 한다. 애플은 실험적인 기술(구조, 풍력, 친환경, 재료 기술 등)을 가져와 여태껏 보지 못한 고도로 미니멀한 유리벽을 세우고 지금이라도 이륙할 것 같은 우주선 같은 지붕을 소개한다. 이처럼 애플만의 '터 잡기(도시)'와 '터다지기(건축)'는 각 도시 블록 모퉁이에서 작지 않은 파장으로 파고드는데, 이 파장은 새로운 창조가 되고, 이 파고듦은 새로운 흐름이 만드는 새로운 감각이다.

애플스토어에 들어서면 누구나 지금 내가 누리는 이 광장이 매장 앞 공터인지 도심 속 오아시스와 같은 공원인지 착각이 든다. 또한 내가 지금 서 있는 이 내부가 상품 매장인지 박물관인지 착각이 든다. 한 가지 분명한 점은 내가 귀한 손님으로 대접받고 있는 것 같은 기분이다. 팬심을 사로잡는 고도의 마케팅 전략이라고 의심할 수 있지만, 이내 그 의심을 내려놓고 고객에게 되돌려주는 문화적 선물이라는 생각이 커진다.

도시 대부분은 매연과 미세먼지와 황사 등으로 앓고 있고, 도시 블록 내 골목길은 사람보다 자동차를 우선하여 보행이 어수선하고 위험이 도사린다. 애플스토어는 이런 모습을 밀어내고, 도시가 다시 만남의 장이 되고, 휴식의 장소가 되며, 보행과 호흡을 되살리는 길의 건축이자 광장의 건축이 되도록 한다. 따라서 애플스토어는 빛바랜 도시 모퉁이에 새로운 빛을 빚는 장치로서의 건축이다. 애플스토어는 사람들에게 새로운 경험과 체험을, 새로운 소통과 실험을 전한다.

이 책은 애플이 선택한 도시의 맥락을 짚고 건축가 포스터+파트너스가 세운 애플스토어의 건축적 특징을 살펴본다. 그 과정 중에 각 도시를 알게 되고, 각 건물을 알게 된다. 도시는 살아있는 생명체이다. 도시에는 죽어가는 세포도 있고, 새롭게 태어나는 세포도 있기 마련인데, 애플스토어는 이 시대가 만들어가는 가장 새로운 세포다.

## 애플스토어의 유형

### 독립 파빌리온형(독립형) 애플스토어

독립 파빌리온형 애플스토어는 상대적으로 넓고 자유로운 대지에 하나의 단독 건물로 단층 내지 중층으로 지어진다. 조연보다는 주연에 가까운 매장이고, 자기주장이 강한 유형의 매장이다. 독립 파빌리온형 애플스토어는 종종 지역의 새로운 랜드마크가 되어 다소 처져 있는 가로를 살린다. 자기 확신이 다른 유형보다 강하여 신도시에 새로운 문화 허브가 되거나 빛바랜 거리에 빛과 소금 같은 역할을 한다. 독립 파빌리온형 애플스토어는 대개 대담하고 날렵한 지붕과 널찍한 유리로 광장의 처마가 되거나 가로의 전시창이 된다. 이 책에서는 독립 파빌리온형 애플스토어로 서울 가로수길, 타이베이 신이지구 및 샌프란시스코 유니언스퀘어 매장을 다룬다.

### 마천루 로비형(마천루 저층부형) 애플스토어

마천루 로비형 애플스토어는 맥락이 있다. 다만, 그 맥락이 수직적 타워, 그중에서도 마천루 저층부인 로비층이다. 마천루 로비형 애플스토어는 지가가 비싼 금융가나 번화가에 위치한다. 어반 블록의 이면도로인 골목길보다 어반 블록의 에지에 필지를 잡아 간선도로의 인도와 어반 블록 내의 이면도로와 동시에 소통하는 기제로서 세워진 매장 유형이다. 도쿄 마루노우치 애플스토어는 금융가의 마천루 로비에 세워진 대표 유형이다. 서울 명동 애플스토어는 번화가에 세워진 대표적인 유형이다. 서울 강북 구도심과 서울 강남 신도심의 어반 그리드 간선도로 인도는 이제 널찍하고 시원하다. 그런데 어반 블록 내의 이면도로는 여전히 보행보다는 주행과 주차가 우선한다. 마천루 로비형은 그 점에서 어반 그리드의 인도와 어반 블록의 이면도로를 동시에 살리는 새로운 건축적 가능성을 시사한다.

### 지하형 애플스토어

지하형 애플스토어는 대개 뉴욕 5번가와 같은 번화가 광장이나 시카고강 애플스토어와 같은 수변 광장이나 밀라노 애플스토어와 같은 구도심 상권 어반 블록 내의 역사 광장과 같이 기존 역사적 무게를 지울 수 없는 경우 선택하는 설계 전략이다. 그래서 지상은 광장으로 비우고, 매장을 지하에 두어 지하로 동선을 유도한다. 이 책에서는 뉴욕 애플스토어와 밀라노 애플스토어를 다룬다.

사실 앞서 언급한 타이베이 애플스토어도 지하형으로 분류할 수 있고, 뒤에 나오는 싱가포르 애플스토어도 지하형으로 분류할 수도 있다. 이처럼 애플스토어의 유형은 마치 무를 자르듯이 한 가지로 구분하기 쉽지 않은 경우도 있다.

### 쇼핑몰 연계형(쇼핑센터형) 애플스토어

쇼핑몰 연계형 애플스토어는 고도로 상업화된 TOD(Transit Oriented Design, 지하철 대중교통 역세권에 지어지는 대형 복합용도 프로젝트) 개발 백화점 상권에 인접하여 광활한 개발 부지에 꽃(앵커 프로젝트)으로 작동하기 위해 세워지는 유형이다. 대표적인 사례는 싱가포르 애플스토어와 방콕 애플스토어다. 대형 쇼핑몰이나 백화점과 연결되어서 자연스럽게 출입할 수 있을 뿐만 아니라, 별도의 진입 동선이 백화점에 있다. 출입문을 열고 들어가면, 안으로 들어갈수록 '와-우'의 강도가 세지는 게 애플스토어의 특징인데, 이 유형의 경우는 대문이 두 곳이라서 동선의 수미(首尾)상관 방식이 순환적이지 않다. 특히 싱가포르와 방콕 애플스토어의 경우 백화점 매장이라는 맥락으로 이어지다가 그 맥락을 벗어나는 방식이 신선하다.

1장

# 노잼 공간에서 핫플로

## 독립 파빌리온형 애플스토어

## 서울 가로수길 애플스토어

애플스토어 가로수길은 국내에 최초로 들어선 애플스토어다. 가로수길의 이름은 '나무가 늘어선 거리'라는 뜻으로, 양옆으로 은행나무가 줄지어 늘어선 700미터 길이의 도로를 의미한다. 가로수길은 서울 강남구 신사동에 위치하며, 다양한 소매점, 카페, 문화 공간이 어우러진 활기찬 상업 허브이다. 애플스토어가 들어오면서 가로수길은 글로벌 브랜드와 로컬 문화를 독특하게 융합한다.

가로수길의 변신은 20세기 중반 서울을 재편한 광범위한 도시 확장 개발 정책에서 시작한다. 1960년대 이후, 서울은 급격한 산업화와 경제의 압축 성장으로 인구가 해마다 증가했다. 1953년 100만 명이었던 서울 인구는 1960년이 되자 245만 명으로 증가했다. 이후에도 해마다 30만 명씩 증가했고, 새로운 집이 5만 가구씩 필요했다. 이에 따라 정부는 1961년 1월 '강남 개발 계획'을 발표했다. 1963년 강남이 서울에 편입되었다. 1966년 마스터플랜에 따르면, 서울 인구의 40퍼센트는 강북 지역에 남기고 60퍼센트는 한강 남쪽으로 옮기는 청사진이었다. 새로 서울로 편입된 땅에 500만 명을 수용하는 계획이었다. 그러나 1970년대 서울 인구는 600만으로 늘어났으며, 서울은 계획보다 더 빠르게 성장했다. 1967년 경부고속도로 개통은 강남을 주거와 비즈니스 모두 매력적인 곳으로 만들었다.

강남 개발의 초기 장애물은 구도심으로부터 떨어진 거리와 도시 인프라 부족이었다. 한강을 따라 위치한 많은 저지대가 홍수에 범람했고, 이를 해결하기 위해 한강 매립 사업을 진행했다. 여기서 파생한 매력적인 수변 부지는 강남 개발에 필요한 자금을 조달하는 형식(체비지 시스템)으로 매각했다. 현대건설은 약 48,000평의 토지를 복구하는 작업을 완료했고 1982년 신사동에 신현대아파트를 건설했다.

강남의 도시 그리드와 도시 블록 내의 골목길 구조는 강북을 따랐다. 간선도로 체계는 왕복 8~10차선을 유지했고, 블록 사이즈는 약 500미터×500미터(이는 구도심의 광화문에서 종로, 세종로에서 종각까지의 길이를 신도시인 강남구 블록 크기에도 적용한 결과다)를 따랐다.

많은 사람들이 강남구 어반 그리드는 격자형인데 송파구 어반 그리드는 방사형이어서 주행 중에 헷갈리는 경우가 있다. 이는 강남구가 강북처럼 바둑판 모양을 따른데 반해 송파구는 두 개의 물길을 하나(현재의 한강이 당시에는 남쪽 송파강과 북쪽 신천강으로 두 개였다. 물은 주로 남쪽 송파강을 따라 우기에 흘렀는데, 하나의 물길로 통합 후 북쪽 신천강이 한강이 되었다. 송파강은 송파구와 석천호수로 남았다)로 통합하며 석촌호수를 중심으로 방사형으로 어반 그리드를 만들어서 그렇다. 1970년대 후반부터 1980년대 초반까지 강남의 도시 인프라가 개선되면서, 가로수길 같은 지역에 새로운 소비층을 겨냥한 상점들이 들어오기 시작했다. 가로수길에는 특유의 은행나무를 심었고, 이에 따라 현재 가로수길을 상징하는 거리 풍경을 만들었다. 넓은 보도와 줄지어 늘어선 가로수, 주거와 다양한 가게의 조화가 이 거리를 서서히 트렌디한 장소로 만들었다.

1978년 종로구 인사동에서 설립된 예화랑이 1982년 신사동으로 이전하며 강북 미술 문화가 강남으로 확장하는 첫 사례가 되었다. 1985년 강남 최초의 상업 갤러리 건물이 가로수길에 들어왔고, 이는 신사동과 가로수길을 문화와 예술의 거리로 인식시키는 계기였다. 가로수길 초기 이미지 형성에 있어 갤러리 개관의 역할이 컸다. 갤러리가 들어오면서 액자 가게, 예술가 작업실도 함께 따라왔다. 작업실은 단순한 작업공간일 뿐 아니라 학생을 가르치는 교육공간이었다.

갤러리는 임대료가 싸면서 넓은 공간이 필요했으므로 당시 임대료가 상대적으로 싼 가로수길에 자리잡았다. 이는 가로수길 예술 클러스터 형성에 이바지했다. 이후 뉴욕 소호처럼 카페와 레스토랑이 생겨나면서 가로수길은 점점 미술, 젊음, 공방, 카페, 레스토랑 등으로 채워졌지만, 땅값을 상승시켜 초기 갤러리들과 소규모 상점들은 떠났다. 가로수길이 '핫플레이스'로 변한 또 다른 중요한 계기는 패션과 인테리어 관련 업종의 유입이었다. 1989년 프랑스 패션학교 '에스모드 파리' 서울 캠퍼스가 이곳에 문을 열었고, 1991년 서울모드 패션학원도 문을 열면서 가로수길은 패션 중심지로 자리잡았다. 1990년대에는 고급 가구점과 인테리어 숍들이 등장했다. 가로수길은 '예술 거리'로 시작해서 '패션 거리'와 '인테리어 거리'로 명성을 날렸다. 특히 영화음악 제작사들이 압구정동 로데오거리에서 가로수길로 옮겨왔고, 국내 유명 건축가들과 디자이너들이 작업실과 공방을 세우며 점차 강남 간판 동네로 부상했다. 강북의 삼청동과 명동, 이태원과 대학로에 어깨를 견주는 핫플로 부상하며 외국인 관광객들에게 'Must-See in Seoul'이 되었다.

가로수길 애플스토어는 전체 길이 750미터 가로수길의 중심에 위치한다. 북쪽에서 접근하면 370미터 지점에, 남쪽에서 접근하면 380미터 지점에 있다. 유동인구가 가장 많은 도로 모퉁이 땅에 애플스토어를 세웠다. 가로수길 애플스토어는 뉴욕 5번가의 애플스토어나 시카고의 애플스토어, 밀라노 애플스토어와 같은 광장 위에 파빌리온이 있고, 지하로 매장이 있는 구조는 아니다. 어반 블록 모퉁이 필지에 삽입한 단순한 형태인데 가로 경관에서 임팩트가 있다.

거대한 유리벽에 거대한 문이 있다. 문을 열고 들어가면 열린 공간에 디스플레이 공간이 나온다. 나무 가구에 나무 천장이 따스하다. 거대한 유리판 외벽은 투명함으로 가로수길 인도와 나무 마감 내부를 하나로 만든다. 그로 인해, 상업 공간의 활력과 인도의 보행 활력이 마주한다. 가로수길 애플스토어의 이런 프로그램 내부 레이아웃(디스플레이 공간, 교육 공간, 카운터, 선반, 지니어스 바 등)과 거리와의 소통은 전 세계 모든 애플스토어의 보편적 특징으로 애플의 시그니처가 되었다.

유리판 한 장의 높이는 7.6미터이다. 애플이 가격을 공개하지 않았지만, 독일 유리업체인 세닥(Sedak)에서 제작하면 장당 2~3억 원 정도다. 보통 이런 구조 유리는 바람하중과 충격하중에 견디도록 제작해야 하고, 무엇보다 투명도가 핵심이다. 유리판 에지를 보면 녹색이 살짝 도는데 이는 철분 때문이다. 철분 함량을 줄이면 투명도는 올라가지만 비중이 준다. 거기에 2.5미터 정도 하는 일반 유리보다 크기를 3배 이상 확대하니 비쌀 수밖에 없다. 저철분 유리 위에 반사 방지 코팅을 하기 때문에, 얼핏 보아도 옆에 있는 다른 건물들의 유리와 차이가 확 난다.

내부로 들어가면, 따스한 나무 천장과 새틴 마감의 스테인리스 스틸이 반긴다. 이탈리아산 라임스톤으로 마감한 벽과 인조석으로 잡은 계단실 손잡이와 테라초 바닥이 밝고 따스해서 포근하다. 좁은 목재 천장 패널 줄눈은 넓은 외벽 유리판 줄눈과 만나고 그보다 좁은 라임스톤 줄눈과 만

가로수길에서 본 애플스토어 정면(좌상)과 내부(좌하). 내부 계단실 손잡이와 계단실. 손잡이는 3차원적 곡면으로 처리한 점이 인상 깊고, 계단실은 벽면을 뿌연(새틴 마감한) 철판을 사용하여 반사상을 안갯속처럼 처리한 점이 인상 깊다.

난다. 내부에 서로 다른 재료가 사용되었음에도 한덩어리로 인식되는 이유다. 재료들의 줄눈이 때론 좁고 때론 넓은데 스위스 시계처럼 360도로 딱딱 맞는다. 시공이 완벽해 보이고, 디테일이 정교해 보이는 이유다.

지하로 내려가는 계단실은 폭이 좁은데, 한 벽면은 인조 라임스톤이고 다른 벽면은 새틴 마감한 스테인리스 스틸이다. 라임스톤은 퇴적암 계열이라 표면에서 빛을 머금지만, 새틴 마감한 스테인리스 스틸 벽면은 빛을 반사한다. 특히 후자는 무광택면의 반사이므로 광원에 가까우면 밝게 반사하고 광원으로부터 멀어지면 빛이 스러지니 이 면에 반사하는 사람의 모습은 그 이미지가 또렷하지 않고 흐릿하다. 광원을 흡입하는 면과 몽롱하게 반사하는 면이 계단실의 협소함을 잊게 한다. 이 계단실이 감동적인 이유는 두 가지 더 있다. 하나는 계단 손잡이이고, 다른 하나는 시선 끝에 있는 반투명 창에서 나오는 우윳빛 빛깔이다. 손잡이는 3차원적 곡면인데, 이음매 없이 통 손잡이이고, 반투명 유리는 밑은 짙고, 위는 밝은 표면이다. 미니멀리즘을 초격차로 상승시키면 '지수 함수 미니멀리즘'이 나올 텐데 가로수길 애플스토어가 바로 그런 곳이 아닐까?

매장 내부에 나무 네 그루를 심었다. 가로수길의 은행나무와 내부의 나무가 소통한다. 캘리포니아주 애플파크 방문자센터 애플스토어의 주요 개념이 '아웃사이드 인, 인사이드 아웃(Outside In, Inside Out. 실내와 실외의 경계를 블러링

하는 개념으로 건축이 자연이 되고, 자연이 건축이 되는 개념 혹은 내부가 가로가 되고 가로가 내부가 되는 개념이다)'인데, 가로수길 애플스토어도 그렇다.

가로수길 애플스토어는 사람들을 기쁘게 반긴다. 방문자의 유입을 촉진하고 제품에 대한 탐험을 장려한다. 재료들은 차가움과 따스함의 공존이고, 다양한 재료가 한 선으로 수렴하며 지수 함수 미니멀리즘을 표방한다. 대형 유리 속에서 자유로움을 느끼고, 저철분 반사 방지 유리에서 내외가 하나됨을 목도하고, 계단실에서 장인정신과 마주한다. 세상이 AI로 디지털화하면 할수록 그 반대급부인 장인정신과 재료의 촉-지각성을 향한 갈구와 갈망은 높아만 간다.

## 타이베이 애플스토어

타이완 타이베이 동부에 있는 신이지구(信義區, Xinyi District)는 요새 매우 핫하다. 신이지구는 새로운 CBD(Central Business District, 중심상업지구)로 1970년대 처음 지정되었고, 1980년대부터 본격적으로 개발되었다. 당시 개발은 타이완의 신광 미츠코시 백화점, 신광은행, 국태금융센터 같은 대표 대기업이 맡았다. 개발이 시작되면서 백화점, 호텔, 고급 주택 등이 먼저 들어섰고, 21세기에 시청과 시의회가 들어섰다. 한때 세계에서 가장 높았던 타이베이 101 마천루가 바로 이곳에 있다. 또한 KPF가 디자인한 타이베이 난산 플라자, 렌조 피아노가 디자인한 마천루 푸본 신이 A25(푸본 미술관)가 있다. 애플스토어는 이런 마천루 숲에 옹달샘처럼 들어섰다.

신이지구 경계 도로는 지룽로 1단(基隆路, Keelung Road Section 1), 신이로 5단(信義路, Xinyi Road Section 5), 쑹더로(松德路, Songde Road), 중샤오둥로 5단(忠孝東路, Zhongxiao East

Road Section 5)인데, 애플스토어는 원동-신이-A13-백화점(Far Eastern Xinyi A13 Department Store) 광장에 있다.

타이베이 애플스토어는 쑹런로(Songren Road)와 쑹쇼우로(Songshou Road)의 교차점에 위치한다. 이 지역 개발계획을 보면, 상업지구는 쑹런로와 신이로 5단을 따라 중앙에 개발했다. 업무지구 또한 두 도로를 따라 개발되었다.

애플스토어가 있는 곳은 신이지구에서도 상업 활동 밀도가 가장 높은 곳이다. 애플스토어 주변 마천루와 백화점은 모두 최근에 지어진 최첨단 건축이다. 신이지구의 건물 대부분은 백화점으로 신광 미츠코시 백화점은 핵심 백화점으로 대중 상품부터 고급 상품까지 다양한 제품을 판매하고 있어 다양한 고객들의 소비 욕구를 탄력적으로 충족시킨다.

신이지구 애플스토어는 초고층 복합 상업지구 내에서 높이가 가장 낮은데, 가장 높은 건물은 타이베이 101이다. 타이베이 101이 천상을 주장하는 건축물이라면, 애플스토어는 지상을 주장하는 건물이다. 신이지구 애플스토어는 뉴욕 5번가 애플스토어처럼 광장 위에 파빌리온 형식으로 들어섰지만, 추가적인 상품 전시 공간이 지하에 있고, 인근 A13 백화점과도 연결된다는 측면에서 지하형 또는 쇼핑몰 연계형이라고도 볼 수 있다.

본래 애플스토어가 세워진 땅은 A13 백화점의 주차장 공터였다. 애플은 이곳에 타이완 환경에 맞는 식물로

101
미츠코시

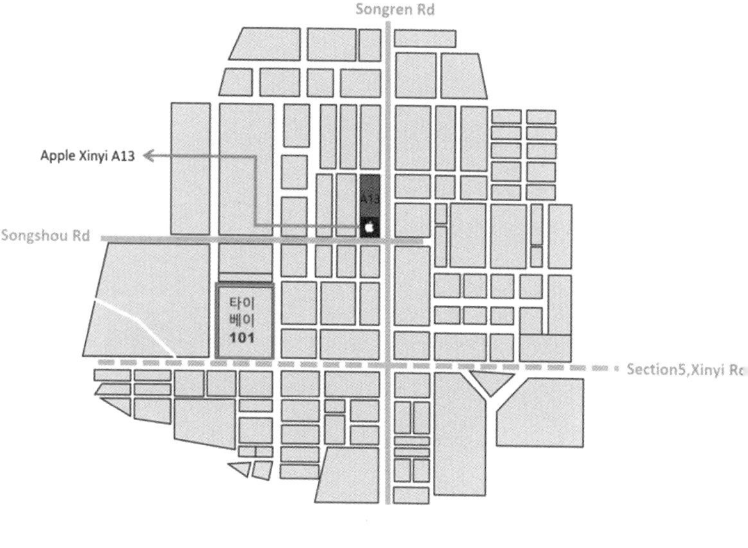
Songren Rd
Apple Xinyi A13
A13
Songshou Rd
타이
베이
101

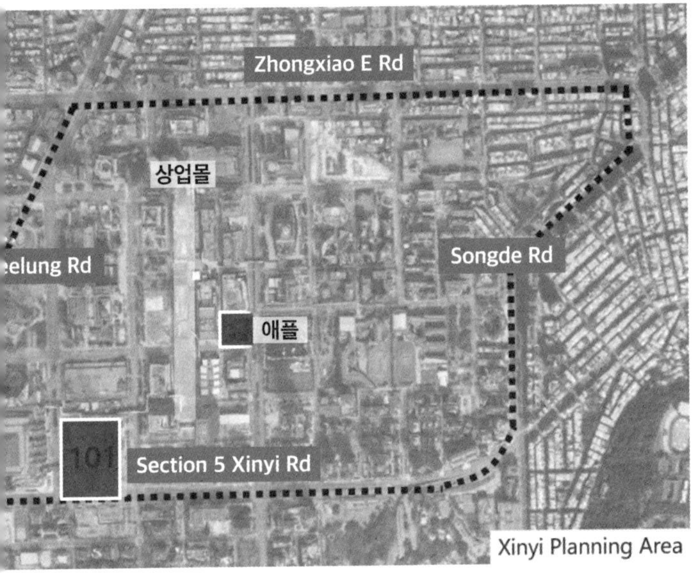
Zhongxiao E Rd
상업몰
elung Rd
Songde Rd
애플
101
Section 5 Xinyi Rd
Xinyi Planning Area

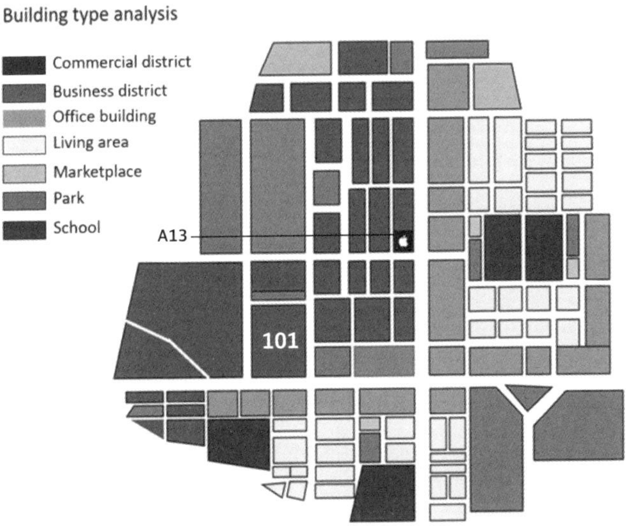
Building type analysis
Commercial district
Business district
Office building
Living area
Marketplace
Park
School
A13
101

도심 속 광장 정원을 꾸며서 시민에게 선사했다. 포스터+파트너스의 스테판 벨링과 애플의 조너선 아이브는 이곳에서 건축의 존재감이 거의 느껴지지 않을 정도의 극한 미니멀리즘을 추구했다. 이는 인근 다른 마천루들이 추구하는 맥시멀리즘과는 대척점에 있다.

극도로 가벼운 탄소섬유 자재를 활용하여 에지가 얇고 기둥이 거의 필요 없는 가벼운 지붕을 완성했다. 보는 순간, '지진과 해풍이 심한 타이베이에 이토록 얇은 지붕이 가능한가?'라는 의문이 들었다. 너무 얇아 위태롭고 태풍에 날아갈 것 같지만, 내진재와 내풍재를 꼭꼭 숨겨 이토록 얇아진 지붕 에지의 경지에 무더운 여름에도 한기가 서린다. 전 세계 반도체 시장과 방산 시장에서 거인급인 우리나라 도시에는 왜 아직 이 정도로 얇은 지붕이 없는지 자조적인 질문마저 든다.

건물의 진짜 멋은 지붕에만 머무르지 않고 이어지는데, 높고 넓은 거대한 유리판이 유리틀이나 기둥 없이 홀로 서 있어서 보는 이의 한기를 나중에는 걱정으로 바꾼다. 타이베이 애플스토어가 전하는 지붕의 얇음과 (유리벽의)구조 도움 없이 홀로서기는 과학이자 미학이다. 이 위에 수반 조경이 시를 쓴다. 탄소섬유 지붕과 구조 유리 외벽과 타이완 자연을 축소하여 광장에 포갠다.

애플스토어의 건축적 영감은 타이완의 웅장한 산악 지형과 펑후(Penghu)의 자연 기암괴석이다. 건물 밖 수반의 석재 조형이 그것이다. 지면에 내장된 여러 개의 노즐에서 간헐적으로 습기를 뿜으며 섬나라 특유의 바다 안개 효과를 낸다. 이 습기는 무더운 타이베이 주변 온도를 낮출 뿐만 아니라 아침마다 환절기에 생기는 타이베이 저공 수분 구름의 신비로운 효과를 건축화한 것인데, 그 시적 미감이 다분히 타이완만의 강한 느낌을 자아낸다. 물 흐름과 안개 효과 분수 배출구를 완벽히 구현하기 위해 수많은 모델링을 거쳐서 나왔다.

정교하게 깎은 대형 현무암(Basalt) 블록과 그늘을 만드는 녹나무(Camphor Tree) 숲이 광장 조경을 완성한다. 수면의 반사 효과와 노즐이 만드는 안개 효과는 현무암의 거침을 더욱 도드라지게 하고, 녹나무 잎사귀를 더욱 하늘하늘하게 한다. 이는 타이완 자연 지형을 모사하여 모형으로 완벽하게 압축한 정원이다. 화강석 블록의 상단 표면은 얇은 물막으로 덮여 마치 거울 같은데, 돌의 나머지 부분 표면은 매우 거칠다. 공이 든 수작업과 거친 기계 작업의 표면 대비가 눈길을 끈다.

애플스토어의 지붕은 얇고 깊다. 지붕의 깊이가 23.4미터에 달하는데 이를 지지하는 기둥은 안 보이고, 유리판이 기둥 역할을 한다고 생각하니 '저러고도 유리가 깨지지 않나?' 하는 위태로운 질문이 긴장감을 부추긴다. 지붕의 얇음과 지붕의 가벼움을 더 크게 다가오게 하는 위태로운 유리벽이다. 기둥의 부재가 지붕의 존재(중력)를 지운다. 이를 완성하는 지붕 재료가 바로 탄소섬유다.

이처럼 포스터+파트너스의 슈퍼 미니멀리즘의 핵심은 디자인과 구조와 재료의 쌍방향 상승 작용이다. 건축가는 지붕을 마치 맥북처럼 만들어서 가장자리가 얇고 중앙이 불룩하다. 또 기둥을 지워 유리벽 위에 사뿐히 앉은 것처럼 보인다. 긴장감이 돌고 팽팽함이 주위를 지배한다.

내부에는 나무 천장과 식재와 나무 가구가 차분한 분위기를 조성한다. 건물 코너에서 유리벽을 둥글게 처리해서 외부와 내부에서 둥근 모서리가 건물 코너를 지운다. 부드러운 모서리가 광장과 매장 사이를 부드러운 관계로 이어준다. 마감재의 줄눈은 가로수길 애플스토어와 마찬가지로 야외 광장 바닥재 줄눈과 유리 외벽 줄눈과 완벽히 이어져서 내외의 구분을 허문다.

1층의 디스플레이 공간을 지나면, 두 코어를 통해 지하로 내려가서 포룸과 더 많은 디스플레이 공간으로 이어진다. 빛 우물은 공간을 자연광으로 채운다. 자연채광은 건자재와 부딪혀 공간 분위기를 만들고 인공조명은 제품 분위기를 만든다. 자연채광은 1층 디스플레이 공간의 분위기를 만든다. 자연광은 광장 바닥에서 반사하고 내부 나무 천장에서 다시 반사해서 누그러져 들어온다. 일부는 깊은 처마로 경사지어 간접광으로 들어온다. 맑은 날은 스토어 내부가 더 팽팽히 팽창하는데 직접광과 간접광 사이에서 어느 광원이 더 이바지하는지 의문이 들어서 그렇다. 흐린

날은 내부 인공조명이 자연채광보다 세져서 애플스토어는 도리어 더 또렷하다.

2001년 첫 애플스토어를 낸 스티브 잡스는 그 이후 다섯 번에 걸쳐 애플 브랜드에 맞는 조명을 찾고자 실험했다. 가장 완벽한 하늘, 가장 완벽한 채광, 가장 완벽한 조명을 향한 집념은 아이폰의 스크린에 잡히는 앱 이미지 조명만큼이나 잡스의 주요 관심사였다. 2014년 애플은 포스터+파트너스와 협업을 통해 매장 디자인을 대대적으로 재구성하여 천장 전체를 덮는 매끄럽고 발광하는 표면을 도입했다. 부드러운 빛은 차분한 분위기를 조성하여 고객들이 편안히 쉴 수 있도록 했고, 주변 빛에 미세한 초점을 추가하기 위해 얇은 평행 채널에 방향성 스포트라이트를 설치하였는데, 이를 처음 적용한 곳은 이스탄불 애플스토어였다.

지하 1층은 포룸과 디스플레이와 교육 공간이 포진한다. 애플스토어 평면 계획은 애플의 '애플스토어 레이아웃 계획 시스템 및 방법' 특허를 따른다. 전 세계의 애플스토어가 각 지역의 지역성과 각 장소에 대응하는 새롭고 혁신적인 건축 디자인이면서 동시에 일관성이 흐르는 이유다.

타이베이 애플스토어와 유사한 애플스토어로는 시카고 시카고강 초입에 있는 애플스토어와 앞서 언급한 이스탄불 애플스토어가 있다. 전자는 타이베이처럼 탄소섬유 지붕이고, 지하로 내려가 퍼지는 구조다. 시카고와 이스탄불 애플스토어 모두 타이베이 애플스토어처럼 1층에는 디

타이페이 101

애플스토어 사진 © 이중원

스플레이 공간이 있고, 지하 1층에는 포룸 및 추가 디스플레이 공간이 있다.

타이베이 애플스토어는 사람들에게 세 가지 측면에서 즐거움을 준다. 탄소섬유 지붕과 같이 날렵함이 전하는 가벼움, 돌로 구성된 두 코어의 묵직함, 거대한 저철분 반사방지 유리벽의 투명함이 사람들을 끈다.

## 샌프란시스코(SF) 애플스토어

지구촌 곳곳에 생기기 시작한 애플스토어가 미국 샌프란시스코 명물 유니언스퀘어에 들어왔다. 뉴욕을 대표하는 번화가가 5번가이고 뉴욕을 대표하는 광장이 타임스스퀘어라면, 샌프란시스코 대표 쇼핑가는 마켓스트리트이고, 대표 광장은 유니언스퀘어이다. 오늘날 유니언스퀘어는 샌프란시스코의 랜드마크 광장일 뿐만 아니라, 미국에서도 중요한 광장 중 하나다. 샌프란시스코 애플스토어로 들어가기에 앞서, 왜 애플은 애플스토어의 입지 장소로 유니언스퀘어를 선택했는지 살펴보자.

유니언스퀘어가 있는 마켓스트리트는 샌프란시스코 해안가 페리빌딩(항구의 선박 터미널)에서 시작해서, 트윈 픽스(Twin Peaks)까지 뻗는다. 샌프란시스코 중심 상업 대로인 마켓스트리트는 3개의 앵커 광장을 가지고 있는데 바로 유니언스퀘어, 시청 광장(civic centre), 예르바 부에나 가든이다. 예르바 부에나(Yerba Buena)는 샌프란시스코의 옛 이

Fisherman's Wharf
Washington Square
Powell Street
퍼시픽하이츠
눕힐
구도심
California Street
UNION SQUARE
SF-MOMA
링컨힐
SF
CITY HALL
Market Street
YERBA BUENA
GARDENS
SoMa

하얏 호텔
St. Francis 호텔
애플

름으로 약초(Good Herb)라는 뜻이다. 이 세 광장은 서로 다른 기능을 하는데, 유니언스퀘어는 상업 광장, 시청 광장은 공공 광장이고, 예르바 부에나 가든은 문화 광장이다.

샌프란시스코 구도심 중심상권(CBD)은 선착장이 있는 해안가였다. 1848년 골드러시로 각지에서 금 채굴꾼이 몰려오자 샌프란시스코 부촌은 해안가에서 후퇴하여 고지대로 올라갔다. 1878년 케이블카가 가파른 캘리포니아스트리트에 개통하자, 이 길을 따라 부촌이 노브 힐(Nob Hill)로 이동했다. 초기 교통수단인 마차만 다닐 때는 산지형 부촌 개발이 잘 이루어지지 않았지만, 기계식 케이블카를 개발하면서 산지형 부촌 형성이 가능했다. 또 1906년 대지진 및 대화재 이후 부유층들은 연약 지반인 해안가보다 암반 지반인 고지대에 안전하고 전망 좋은 저택 짓기를 선호했다.

스탠퍼드대학교를 설립한 유명한 정치인 릴런드 스탠퍼드(Leland Stanford)의 저택이 바로 노브 힐 캘리포니아스트리트(CAST) 905번지에 지어졌다. 골드러시 때 거부가 된 마크 홉킨스의 저택은 노브 힐 CAST 999번지에, 센트럴퍼시픽의 창립자 철도왕 찰스 크로커(Charles Crocker)의 저택은 노브 힐 CAST 1100번지에, 철도 재벌 콜리스 P. 헌팅턴(Collis Potter Huntington)의 저택은 노브 힐 CAST 1075번지에 각각 지어졌다. 샌프란시스코에서는 이 네 개의 대저택을 오늘날까지 '빅-포(Big Four)'라 부르는데, 바로 이 빅-포와 중심 상업 광장 유니언스퀘어는 서로 관계가 깊다.

노브 힐을 겨냥한 갤러리, 쇼핑, 극장, 호텔 등이 생겨났고, 유니언스퀘어는 샌프란시스코의 중심 상업 광장으로 부상했다. 중산층과 저소득층을 위한 쇼핑가가 마켓스트리트를 기준으로 4번 스트리트에서 6번 스트리트를 따라 형성된 반면, 명품 쇼핑가는 유니언스퀘어 일대에 포진했다. 오늘날 이 광장 주변에 유명한 건축물이 다수 있지만, 그중에서도 세인트프랜시스호텔, 니만-마커스백화점(Neiman-Marcus), 서클갤러리 및 애플스토어가 가장 중요하다. 서클갤러리는 미국 근대 건축의 거장인 프랭크 로이드 라이트가 설계했고, 니만-마커스백화점은 뉴욕 건축계의 대부 필립 존슨이 설계했다. 우리가 살펴볼 애플스토어는 노먼 포스터가 설계했다.

유니언스퀘어는 처음에는 모래언덕으로 시작했고, 골드러시 때는 채굴꾼을 위한 캠핑그라운드였다. 광장의 첫 조경 디자인은 스페인 양식이었지만, 1898년 미국과 스페인이 전쟁을 하자 프랑스 양식으로 바꾸었다. 그리고 광장 중앙에 전쟁 영웅인 듀이 장군의 기념탑을 세웠다. 이때, 노브 힐 빅-포 재벌 중 한 명인 찰스 크로커가 세인트프랜시스호텔을 짓기 시작하여 1904년 두 개 동을 준공했다. 이 호텔은 샌프란시스코 상류사회의 사교장이었고, 지속적으로 팽창했다. 1908년 파웰스트리트를 따라 세 번째 동을 준공했고, 1913년 포스트스트리트를 따라 주거용-호텔 동을 완공했다. 1972년 600실 규모 32층(120미터 높이) 타워동을 새로 세웠다. 그 결과 오늘날 1,195실을 갖춘 대규모 호텔이 되었다. 호텔은 물리적으로 유니언스퀘어의 앵커시설이며, 중앙에 있는 듀이 장군 기념탑의 건축적 배경이 된다.

서클갤러리의 가장 큰 특징은 창이 없는 외관이다. 라이트가 외관에 창을 내지 않은 이유는 당시 이 일대 쇼핑가 건물 1층에서 흔히 보이는 전면 전시창 때문이었다. 이에 대한 안티테제로서 라이트는 창이 없는 외벽을 생각했다. 침묵하는 외벽은 동적 내부의 반전 효과를 극대화한 전략이었다. 서클갤러리의 묵직한 벽돌 벽에는 창이 없지만, 한쪽에 아치 유리 터널 입구가 있다. 건물로 진입하는 동안 벽돌 터널이 유리 터널로 바뀐다. 금빛 동문을 밀고 들어가면 백색 스파이럴 경사로가 아트리움을 휘감으며 상승한다. 외부의 침묵은 생기 도는 내부를 위한 반전이다. 건축사가들은 이 건물을 라이트가 설계한 뉴욕 구겐하임 박물관의 전조로 평가한다.

니만-마커스백화점은 1906년 대화재로 크게 훼손되었는데, 리모델링을 하면서 로비의 타원형 로톤다(Rotonda, 돔은 외부 지붕 형태를 의미하고, 로톤다는 돔의 내부 천장을 의미한다)를 지었다. 특히 로톤다와 스테인드글라스 돔 천장 장식은 시민들의 사랑을 한몸에 받았다. 1974년 백화점 매출 상황이 나빠지자, 소유권이 텍사스 리테일 재벌 니만 마커스에게 넘어갔다. 이때 니만 마커스는 여론몰이에 능수능란한 뉴욕 스타 건축가 필립 존슨을 고용했다. 처음에는 건물 보존 여론에 밀려 건축물 보수 허가를 받지 못하다가 1979년 타원형 로톤다와 스테인드글라스 장식 돔 천장을 유지하는 조건으로 필립 존슨의 리모델링 계획안은 허가를 받을 수 있었다.

오늘날 많은 사람들이 니만-마커스백화점을 찾는 이유는 필립 존슨이 리모델링한 외관 때문이 아니라 보존한 밀러의 입구 로비 타원형 로톤다와 스테인드글라스 장식을 보기 위해서다. 타원형 로톤다의 크기는 가로 16.5미터, 세로 10.8미터로, 54평 타원형 스테인드글라스 천장 중앙 그림에는 파리 전설의 금색 무역 선박이 우윳빛의 바다 위를 둥실둥실 떠다닌다. 이를 테두리 돌조각 장식과 금색 구(球) 조명이 떠받든다. 타원형 로톤다와 유리 돔은 19세기 말 파리에서 유행했던 아르 누보 양식이다. 타원형 로톤다는 다층 구조 아트리움으로 하늘로 열린다.

그런가 하면, 로톤다 주위는 존슨이 세운 유리 외벽으로 유니언스퀘어가 보인다. 수직적 개방감과 수평적 팽창감은 백화점의 세밀한 천장 유리 장식과 원형 엔타블러처(장식보) 장식이 이목을 모은다. 퍼져 가려는 힘과 모으려는 힘이 서로 밀당한다. 건축가 필립 존슨이 잘한 것은 그의 여론몰이나 화려한 말솜씨가 아니었다. 그보다는 시민들의 소리에 경청하여 밀러의 타원형 로톤다와 돔을 유지한

점이다. 또 유니언스퀘어를 향해 백화점 코너 외벽을 유리로 처리하여, 광장과 로톤다를 건물 코너에서 투명하게 처리한 점이다.

유니언스퀘어 애플스토어는 뒤로(북쪽)는 하얏트 호텔과 마주하고, 앞으로(남쪽)는 유니언스퀘어와 마주한다. 포스터는 대형 미닫이 유리문을 건물 전면에 두어 유니언스퀘어를 전정으로 사용하고 후면에 후정을 지었다. 전면 유니언스퀘어의 북적임과 달리 후면 정원은 아늑하다. 전면 유리문 크기는 가로 6미터, 세로 12.8미터로 이 문을 열면, 애플스토어는 유니언스퀘어와 하나가 된다. 이때 외벽이 없는 누마루 건축이 된다.

내부가 야외인지 야외가 내부인지 헷갈리게 하는 이 거대한 미닫이 유리문은 건축을 어반 룸으로 승화시킨다. 1층에서는 가로와 건물이 하나의 거실이 되고, 메자닌 플로어에서는 유니언스퀘어를 바라보는 누마루가 된다.

이를 알았는지 포스터는 두 천장의 각도를 다르게 처리했다. 중이층 바닥이 만드는 천장 기울기는 완만한데, 지붕 천장은 급하다. 작은 기술적 차이가 공간적으로 큰 차이를 만든다. 가벼워 보이고 에지가 산다.

메자닌 플로어 천장은 캔틸레버로 처리하여 기둥 없이 슬래브가 멀리 뻗는다. 사실 이 건물 전체에서 기둥이 보이지 않는다. 장스팬을 기둥 없이 뻗게 하기 위해서는 천장 속으로 두꺼운 철보가 있어야 했지만, 그 두께움마저도

대형 외부 유리창 문을 활짝 연 샌프란시스코 애플스토어(좌상).
1층과 2층 천장 각도가 살짝 다르다(우상). 2층에서 유니언스퀘어를 바라본
모습과 후정(우중). 니만-마커스 백화점 로비의 타원형 로톤다와
대형 크리스마스 트리가 들어선 모습(하). 사진 © 이중원

안에서나 밖에서나 날렵하게 보이도록 슬래브는 에지로 갈수록 얇아진다.

샌프란시스코 애플스토어는 유니언스퀘어의 생성 과정, 세인트프랜시스호텔의 발전 과정, 라이트의 서클갤러리, 필립 존슨의 니만-마커스백화점의 역사와 이야기로 풍성해진다. 애플은 홈그라운드에서 이 점을 잘 알았고, 그래서 유니언스퀘어에 애플스토어를 세웠다.

## 2장

# 네 집 안마당을 다시 길로 내주면 안 돼?

### 마천루 로비형 애플스토어

## 도쿄 마루노우치 애플스토어

도쿄에는 애플스토어가 다수 있다. 그중에서 유명한 애플스토어는 도쿄 JR 야마노테라인을 따라 핵심 상권지인 긴자, 오모테산도힐스, 시부야, 신주쿠, 도쿄역에 각각 있는데, 이 책에서는 도쿄역 마루노우치 애플스토어를 다룬다.

도쿄의 전신인 에도는 지리적으로 고지대와 저지대로 나뉜다. 전자를 '야마노테', 후자를 '시타마치'라 부르는데, 이들의 위치는 오늘날까지 도쿄 도시 지형의 건축적 특징을 반영한다. 에도성은 우기 홍수와 방어를 고려하여 고지대에 전략적으로 지었고, 이 인근에는 친막부 다이묘와 사무라이가 살았고, 저지대에는 장인과 상인이 살았다. 에도성에는 성을 둘러 방어용 물길인 해자가 있었다. 오늘날까지 이 해자는 일부 남아 있고, 대부분은 복개했다. 역사적인 해자 경로를 복개하며 형성한 두 거리를 '내부-해자-거리(우치보리도리)'와 '외부-해자-거리(소토보리도리)'라 부른다.

친막부 다이묘(후다이 다이묘)는 에도성 가깝게 살았고,

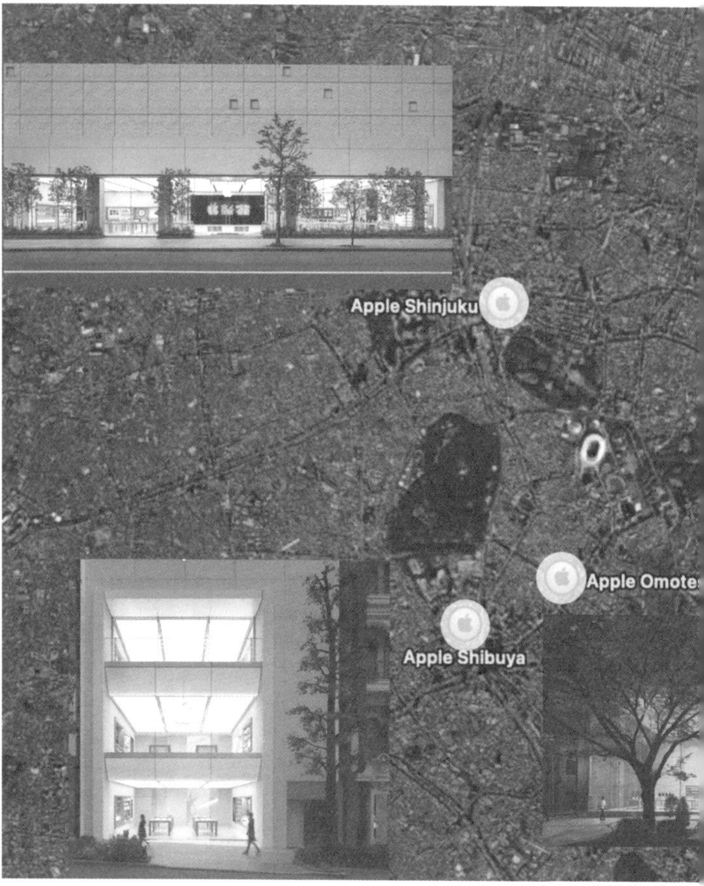


도쿄 내 주요 지역의 애플스토어.

5 Apple Stores in Tokyo
Apple Marunouchi
Apple Ginza

반막부 다이묘(토자마 다이묘)는 에도성 남서쪽에 살았다. 후다이 다이묘 지구에는 충성스러운 가신들이 있었다. 이 지역은 오늘날 마루노우치와 오테마치 지역이다. 마루노우치와 오테마치는 우리로 치면 경복궁 노론 지구인 북촌이다. 사무라이는 요트수야(오늘날 신주쿠), 시바(오늘날 미나토), 우시고메(오늘날 분쿄)다. 초닌(오늘날 긴자) 지구에는 상인과 장인이 거주했다.

오늘날 긴자(우리의 명동에 해당하는 도쿄 중심 상업 번화가)는 상인과 장인이 살던 저지대다. 긴자의 이면도로가 골목길 구조로 촘촘한 이유가 에도시대에 상인과 고객을 위해 지었기 때문에 필지가 세장형이었고, 시장의 활력을 위해 골목길을 좁게 했기 때문이다. 도쿄역 애플스토어가 있는 마루노우치는 '성벽 안'을 뜻하며, 에도성의 가장 바깥쪽 방어 시설 주변 지역을 가리킨다. 도쿠가와 초기부터 이 지역은 친막부 성향의 후다이 다이묘의 저택이 있었던 곳인데 도쿠가와 정권이 붕괴한 후, 다이묘들은 자신들의 토지를 메이지 정부에 반납했다.

메이지 정부는 마루노우치(황궁 동쪽 지역) 지역 필지에 관청과 공공시설을 짓고 사용했다. 시간이 지나면서 많은 정부 관청이 가스미가세키(Kasumigaseki, 황궁 남쪽 지역)로 이전했고, 마루노우치 땅들은 미쓰비시의 창립자인 이와사키 가문이 매입했다. 이는 마루노우치가 도쿄의 주요 비즈니스 지구로 발전하는 계기였다. 마루노우치 개발은 1894년

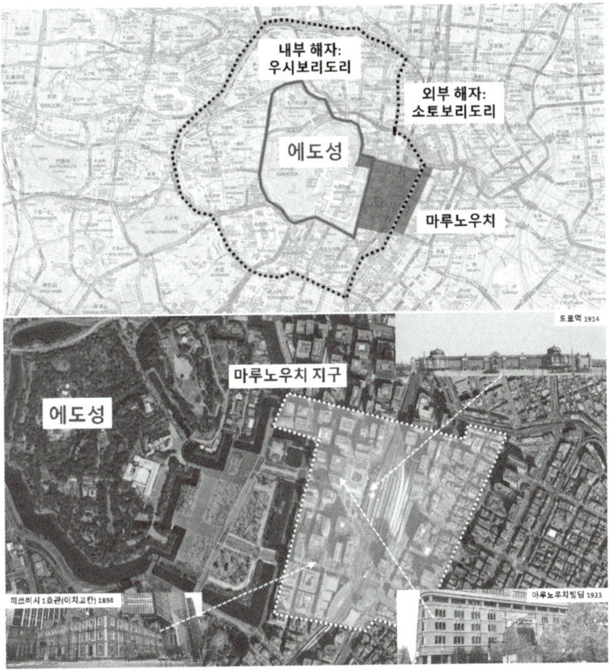


황궁인 에도성과 도쿄역 사이에 미쓰비시가 개발한 마루노우치가 있다(상). 마루노우치 땅은 미쓰비시가 소유했다가 개발한 땅으로 이곳에는 도쿄역, 마루노우치 신관 구관, 미쓰비시 1호관(이치고칸 박물관)이 있고, 그밖에 애플스토어, KITTE(켄고 쿠마), 도쿄포럼(라파엘 비뇰리)이 있다(하).

미쓰비시 1호관(이치고칸) 완공으로 시작했다. 이후 런던을 연상시키는 3층짜리 붉은 벽돌 사무용 건물이 연이어 지어져 '잇초 런던'이라는 애칭으로 한동안 불렀다. 1914년에 도쿄역을 완공했다. 거대한 벽돌벽으로 완공한 이 역은 마루노우치를 황궁과 도쿄역(동서축) 사이에 있게 했다. 오늘까지 도쿄의 정치 권력과 상업 권력이 이곳에서 대외에 전하는 국가적 메시지는 강렬하다. 도쿄역은 남쪽으로 긴자로 연결하고 북쪽으로 니혼바시(에도시대 도쿄의 정문 역할을 한 다리)와 연결한다.

마루노우치는 도쿄의 대표적인 비즈니스 지구로, 기업 본사, 금융 기관, 고급 쇼핑 시설 밀집 지역이다. 이 지역은 세계 유수의 중심업무지구 중 하나로 꼽히는 오테마치, 마루노우치, 유라쿠초(OMY)를 연결한다. 최근 재개발을 통해 마루노우치는 최첨단 마천루, 고급 쇼핑 시설, 문화 명소가 어우러진 활기찬 복합 용도 지역으로 변모해 전문가와 관광객 모두의 사랑을 받고 있다. 애플스토어는 미쓰비시빌딩 1층의 마루노우치 나카도리(유명 보행 플라자) 거리 옆에 있다. 애플스토어 인근에는 굵직한 랜드마크가 많다.

첫째는 황궁(에도성)이다. 도쿄 황궁은 일본의 문화유산을 대표하는 도쿄의 중요한 랜드마크로, 1868년 이래로 천황이 거주한다. 황궁의 도시적 가치는 도쿄역과 함께 강력한 축을 형성하는 점이다. 이 축에 수직이 되게 마루노우치 일대의 번쩍이는 유리 마천루가 치솟는다. 황궁의 에도시대 목조 건축과 도쿄역의 메이지 시대 벽돌 건축과 21세기 유리 마천루가 공존한다. 마루노우치는 스카이라인으로 오피스 마천루가 있지만, 스트리트스케이프로 고급 상점과 박물관이 있다. 이는 애플스토어가 왜 이곳에 들어왔는지를 설명한다. 마루노우치에서 도쿄의 역사와 역세가

포개지고 사업과 상업이 교차한다.

둘째는 도쿄역이다. 이 장중한 붉은 벽돌 건축은 길이가 길어서 그 존재감이 주는 건축적 힘이 강하다. 도쿄역은 하루 3,000편 이상의 열차가 출발하며 40만 명 이상의 승객을 수송한다. 매일 평균 50만 명 이상의 사람들이 도쿄역을 이용한다. 마루노우치에서 황궁이 N극이라면, 도쿄역이 S극이다. 황궁 앞은 친정부 권력이 만든 마루노우치이고, 도쿄역 앞은 상인과 장인이 만든 긴자고, 이는 오늘날까지 수도 도쿄의 동서축과 남북축을 구축한다.

셋째는 미쓰비시 이치고칸 미술관이다. 이치고칸 미술관은 메이지 시대 건축물을 복원한 마루노우치 문화 랜드마크다. 저층부는 역사적인 벽돌 건물이고, 타워부는 현대적인 마천루다. 달리 말하면, 서로 다른 시간대를 포갠 수평 기단부 건물 위로 솟는 마천루인데, 중정이 멋져 도쿄역에 가면 반드시 봐야 하는 건물이다. 마루노우치에서 몇 안 되는 미술관으로, 분주한 비즈니스 환경 속에서 예술을 접할 수 있는 각별한 기회를 제공한다. 관람 후에는 녹음이 짙은 중정에서 차와 커피를 즐길 수 있다. 마루노우치 애플스토어와 가까워서 이치고칸 미술관과 애플스토어는 같이 마루노우치 가로 활성화에 이바지한다.

넷째는 우체국 건물이다. 최근 건축가 켄고 쿠아가 리모델링해서 핫플이 되었다. 이 건물의 유리 아트리움과 애플스토어의 유리 외피는 자연스럽게 동선으로 이어진다.

다섯째는 마루노우치빌딩이다. 1923년 미쓰비시 그룹에 의해 개발된 마루노우치빌딩은 도쿄역에 인접한 역사적인 건물이다. 제2차 세계대전 때 폭격을 피한 건물이어서 문화재로 등재되었다. 이 건물 위로 마천루를 건설해서 기단부는 과거를, 타워부는 미래를 상징한다. 도쿄역, 이츠고칸 미술관, 우체국, 마루노우치빌딩은 하나의 랜드마크 건축으로 띠를 이룬다. 이 마루노우치빌딩도 멋지지만, 최근 마크 홉킨스 경이 설계한 신(新)마누노우치빌딩도 멋지다.

2007년 4월 완공한 신마루노우치빌딩은 건물 구조 노출 외장 시스템이 스위스 시계처럼 섬세하고 가냘프다. 약 8,500억의 건축 비용이 든 이 건물은 마루노우치 지구에서 가장 아름다운 마천루 중 하나다. 하이테크 건축가로 분류되는 홉킨스 경은 구조를 노출하여 외피로 사용하는 '엑소스켈러튼(Exoskeleton) 껍질'을 선보였다. 도쿄역으로 바로 연결되는 통로가 지하에 있어 역과 마천루를 함께 살린다. 또, 기단부 테라스 가든은 포디움이라고 불리는데 여기서 마루노우치 일대의 마천루와 가로 조망이 일품이다.

여섯째는 건축가 라파엘 비뇰리가 디자인한 도쿄 국제포럼이다. 거대한 선박을 뒤집어놓은 듯한 유리 지붕이 명물인 건축이다.

마루노우치 니카도리 보행 몰은 멋진 나무들이 도열하여 인근 금융기관과 기업 본사의 직원들의 쉼터다. 몰을 따라 고급 브랜드와 레스토랑이 있어 걷는 맛을 더하고, 때

때로 한시적 목조 가판대가 늘어선 가로 시장이 열려 재미를 더한다. 도쿄역 앞 광장에서 황궁을 잇는 보행 광장에 못지않는 아주 즐겁고 상쾌한 보행 몰이다.

마루노우치 랜드마크 6개와 니카도리 보행 몰은 애플스토어의 멋진 도시적 바탕이다. 애플스토어는 이곳 장소 매력을 높인다. 마루노우치 애플스토어는 독립 파빌리온형으로 하지 않았고, 기존의 마천루 저층부에 들어선 유형이다.

사실 마루노우치는 인접한 오테마치와 유라쿠초와 건축적으로 떼어놓고 볼 수 없다. 이들은 'OMY'라고 하는데 오테마치-마루노우치-유라쿠초(OMY, Otemachi-Marunouchi-Yurakucho)의 약어인 OMY 지역은 에도시대 친막부 다이묘 지역인 후다이 다이묘 지역으로 그때부터 지금까지 일본 정치와 경제를 견인한 주류의 땅이었고, 지금도 일본을 대표하는 도쿄 글로벌 비즈니스 허브다. OMY는 메이지 시대에도 상업 중심지로 발전했으며 현재는 주요 대기업과 일본 대형 은행들이 있다. 도쿄역 북쪽에 위치한 오테마치는 도쿄 주요 금융가로 주요 대기업 본사와 신문사가 있다.

도쿄역 남쪽에 위치한 유라쿠초는 JR 야마노테선 고가 아래 가도시타(Gado-shita) 지역의 느긋한 쇼핑 및 다이닝 환경이 유명하다. 유라쿠초 대표 랜드마크는 뉴욕 스타 건축가 라파엘 비뇰리의 역작인 도쿄 국제 포럼이다.

도쿄역은 서측과 동측으로 나뉘는데, 서측은 다시 마루노우치와 유라쿠초 오테마치로 나뉘고 동측은 야에수 니혼바시로 나뉜다. 서측은 미쓰비시가 개발했고, 동측은 미쓰이가 개발했다. 도쿄역과 황궁을 잇는 동서축과 주요 보행 광장(주말)인 나카도리가 남북축을 형성한다.

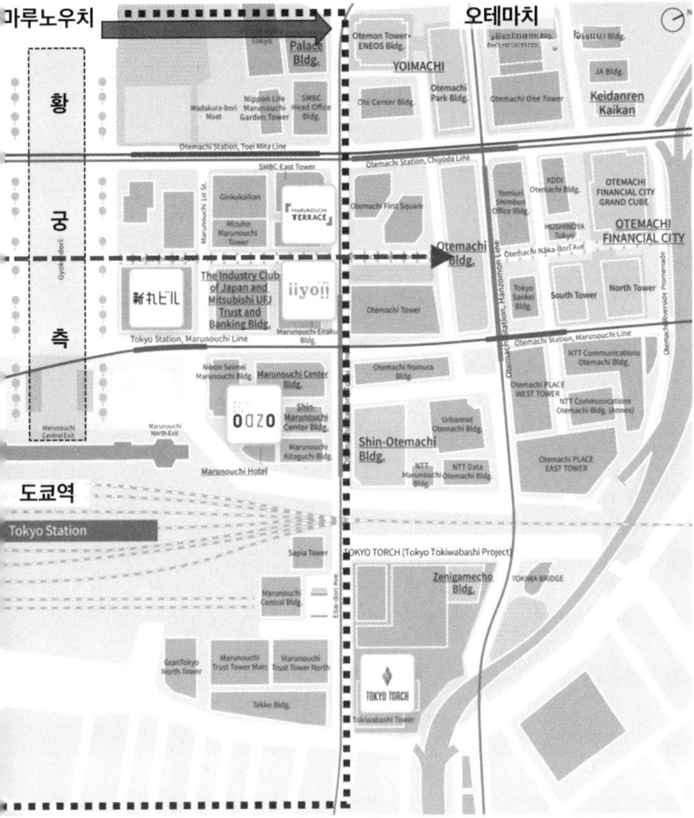

마루노우치
오테마치
황
궁
축
도쿄역
Tokyo Station
Palace Bldg.
Otemon Tower·ENEOS Bldg.
YOIMACHI
Keidanren Kaikan
JA Bldg.
Otemachi Park Bldg.
Otemachi One Tower
Ote Center Bldg.
Nippon Life Marunouchi Garden Tower
SMBC Head Office Bldg.
Wadakura-bori Moat
Otemachi Station, Toei Mita Line
Otemachi Station, Chiyoda Line
SMBC East Tower
Ginkokaikan
Mizuho Marunouchi Tower
MARUNOUCHI TERRACE
Otemachi First Square
Yomiuri Shimbun Office Bldg.
KDDI Otemachi Bldg.
OTEMACHI FINANCIAL CITY GRAND CUBE
HOSHINOYA Tokyo
OTEMACHI FINANCIAL CITY
Otemachi Bldg.
Otemachi Naka-dori Ave.
The Industry Club of Japan and Mitsubishi UFJ Trust and Banking Bldg.
iiyo!!
Otemachi Tower
Tokyo Sankei Bldg.
South Tower
North Tower
Marunouchi Eiraku Bldg.
Tokyo Station, Marunouchi Line
Otemachi Station, Marunouchi Line
Otemachi Station, Hanzomon Line
Nihon Seimei Marunouchi Bldg.
Marunouchi Center Bldg.
Otemachi Nomura Bldg.
NTT Communications Otemachi Bldg.
Otemachi PLACE WEST TOWER
NTT Communications Otemachi Bldg. (Annex)
Shin-Marunouchi Center Bldg.
Urbannet Otemachi Bldg.
Shin-Otemachi Bldg.
Marunouchi Kitaguchi Bldg.
NTT Marunouchi Bldg.
NTT Data Otemachi Bldg.
Otemachi PLACE EAST TOWER
Marunouchi Central Exit
Marunouchi North Exit
Marunouchi Hotel
Sapia Tower
TOKYO TORCH (Tokyo Tokiwabashi Project)
Zenigamecho Bldg.
TOKIWA BRIDGE
Marunouchi Central Bldg.
Eitai-dori Ave.
GranTokyo North Tower
Marunouchi Trust Tower Main
Marunouchi Trust Tower North
Tekko Bldg.
TOKYO TORCH
Tokiwabashi Tower

OMY는 지도상으로는 구분이 뚜렷하지만, 현장에서 걸어 보면 그 구분이 느슨하다. OMY가 일본 경제에 끼치는 영향력은 대단한다. 이 지역에는 약 4,300개의 기업과 101개의 타워가 위치하며, 810만 제곱미터의 오피스 공간을 보유하고 있다. 약 28만 명의 직원이 근무하며, 일본은행을 포함한 주요 금융기관 다수와 다국적 기업 다수가 있다.

OMY는 연간 120조 엔의 매출을 일본 경제에 이바지하며, 이는 국가 GDP의 약 8.85퍼센트에 해당한다. 또한 118개의 상장 기업과 21개의 포춘 글로벌 500대 기업 본사가 있어 글로벌 경제 중심지로 위상이 높다.

OMY의 중심인 마루노우치는 일본 내 글로벌 비즈니스 허브 역할을 하는데, CBD 내에 금융, 기술, 법률 서비스 분야의 주요 기업 본사가 있고, 일본 중앙은행 및 주요 대형 은행들이 대거 위치한다. 도쿄역 서측의 마루노우치 지역 마천루와 동측의 야에스 지역 마천루가 함께 보여서 그 밀집 효과는 더욱 극적이고, 압도적이다.

시부야와 롯폰기 같은 지역이 IT 기술 분야에서 성장하고 있고 다수의 신축 마천루가 들어서고 있지만, 마루노우치는 여전히 도쿄에서 중심적인 역할을 하며 도쿄의 역사적 가치를 현재까지 계승한다. 신주쿠와 니혼바시 같은 다른 지역들도 도쿄 경제에 기여하지만, 마루노우치의 기업 밀집도와 열도 영향력과 지배력은 타의 추종을 불허한다.

마루노우치 애플스토어는 기존 1973년 미쓰비시 본사 마천루 로비를 개축해서 입점한 유형이다. 기존 건물의 1층과 2층을 사용하는 점에서 명동 애플스토어와 유사하지만, 입면 표현, 내부 전개, 건축의 개념화에서는 명동 애플스토어와 다르다. 마루노우치 마천루가 도쿄의 다른 유명 지역 마천루와 같은 유리 박스 마천루여서 일견 비슷한데 뭔가 다르다. 무엇이 다를까?

유심히 보면, 유리 주변에 철 공예가 많고, 또 철 앞에는 돌이나 테라코타를 두어 무게감을 준 점이다. 비중 높은 돌은 얇게 사용하고, 투명한 유리는 넓게 사용하여 조화를 이룬 점이 클래스가 있다. 저층부와 고층부를 나눈 점도 돋보인다. 또한 애플스토의 맥락 관계가 남다른데, 메이지 시대 건물 높이와 21세기 건물 높이를 공조시킨 점이다.

2019년 9월 7일에 개장한 마루노우치 애플스토어는 개장 당시 도쿄에서 가장 큰 매장이었다. 미쓰비시빌딩의 1~2층에 있는 이 매장은 외관 유리가 아이폰을 닮아 오픈 당시부터 사람들 입에 많이 올랐다. 1973년에 준공한 미쓰비시 건물은 지하 4층 지상 17층으로 50년간 마루노우치와 미쓰비시의 상업적 부상을 상징했다.

대기업 마천루가 저층부를 로비로 두지 않고 글로벌 기업인 애플에게 매장을 내준 점은 건축적으로도 도시적으로도 상당한 의미가 있다. 사무용 본사 마천루 로비를 리테일 공간으로 돌리는 것은 가로 활성화에 기여한다. 유동인구가 많고 관광객이 많은 곳을 오피스 로비로 두면, 유리 너머로 아름답게 인테리어를 조망할 수 있는 있겠지만, 사람을 모으고, 사람의 활력을 가로의 생명으로 여기는 현대 건축기법에서 보면 로비보다 애플스토어가 훨씬 효과적이다. 건축가는 에도시대의 황궁과 메이지 시대의 도쿄역의 건축적 전통에 걸맞게 정제된 스타일로 디자인 방향을 잡았다.

1970년대 브루탈리즘 양식으로 지어진 이 마천루는 골조를 마감하지 않고 외피로 사용했었는데 애플스토어를 계획하면서 창 주위의 기둥들이 문제였다. 기둥의 존재감을 완화하고 애플 브랜드를 강조하기 위해 유리면을 기둥면 앞에 두었고, 두 면의 간극을 아이폰처럼 알루미늄을 3차원적으로 코너를 부드럽게 처리하여 감았다. 사실 이 처리는 보기에는 쉬워 보이나 제작 공정은 만만치 않다.

작은 부위지만 복잡한 입체 형태이기 때문에 표준 압출을 통한 단순한 구부림으로는 제작이 불가능했다. 원하는 형상의 금형을 먼저 떠서 그 안에 용융된 알루미늄을 부어 만드는 첨단 3D 금형 주조 기술을 통해 알루미늄을 수작업처럼 성형하는 공정이 필요했다. 그 결과 마루노우

도쿄 애플스토어의 외부와 내부와 평면도. 사진과 도면에서는 드러나지 않지만, 건축가는 계단실 위치에 심혈을 기울인 듯하다. 이 계단을 오르면, 도쿄역과 광장과 KITTE가 유리창과 대나무 너머로 한눈에 들어오고, 북쪽으로는 구 마루노우치빌딩이 들어온다.

Forum

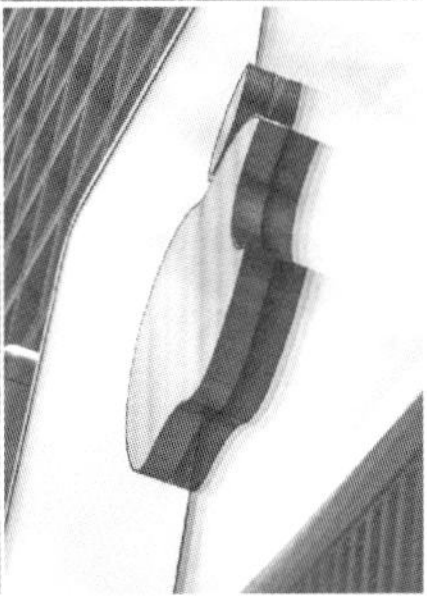

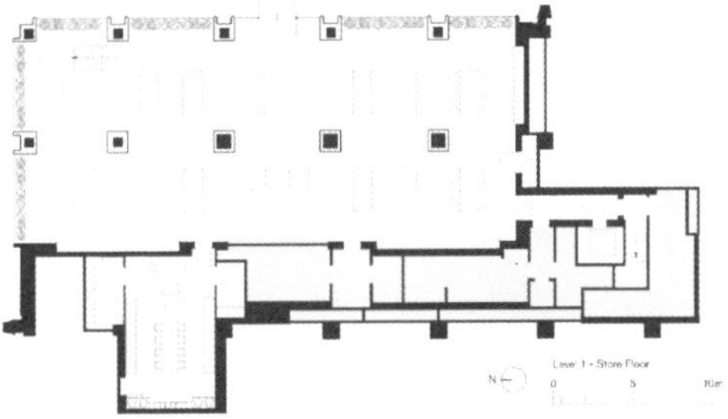

Level 1 - Store Floor
N
0
5
10m

치 애플은 부드럽고 매끄러운 3차원 곡면 알루미늄을 인도 쪽 창가에 제작할 수 있었다. 이는 콘크리트 케이지 틀에서 돌출하는 창의 유리면을 세련되고 아름답게 처리할 뿐만 아니라 무게가 있는 유리판을 무결점으로 지지할 수 있는 길을 열었다.

애플스토어 외관창은 형태적으로만 아이폰을 닮은 것이 아니라 내부의 사람과 인도의 사람이 소통하는 도구라는 기능적인 측면에서도 아이폰을 닮았다. 외벽 유리 뒤의 대나무는 인도와의 연결성을 적극 투과하는 대신 일본 전통 죽원처럼 한 번 걸러 투과한다. 전략적으로 창 안쪽에 인접해서 대나무를 배치시켜 외부의 번잡한 도시의 풍경을 여과할 뿐만 아니라 인도를 다니는 사람들에게는 이곳이 단순히 상업 공간이 아니라, 다실과 같이 대숲 속에 애플의 최첨단 상품을 체험하는 다도(茶道)의 공간임을 전파한다. 대나무는 일본 다도 문화에서 단순함, 탄력성, 평온함을 상징한다. 이는 스티브 잡스가 좋아했던 선(禪, Zen) 미학과도 상통한다.

잡스는 1970년대 인도 여행 중 선불교를 접했으며, 이후 LA 로스알토스 선 센터(Los Altos Zen Center)에서 고분 치노 오토가와(Kobun Chino Otogawa) 밑에서 선불교를 수행했다. 스티브 잡스에게 영향을 준 선(禪) 미학의 요소는 5가지다. 첫째, 미니멀리즘과 단순함이다. 그는 미스 반 데어 로에처럼 "적을수록 더 많다(Less is More)"라는 원칙을 믿었다.

애플 제품 디자인에서 불필요한 요소를 제거하고 깔끔한 인터페이스를 유지하는 것은 선(禪)의 비본질적인 것을 제거하는 원칙과 같다. 둘째, 집중과 세심한 주의다. 선사상은 작은 것에 집중하고 세심한 주의를 강조하는데 잡스는 애플 제품의 모든 디자인 요소가 조화롭게 어우러지도록 세심하게 신경을 썼고, 이는 건축으로 이어졌다.

셋째는 여백의 미(間)를 중시했다. 일본 미학에서 이는 공간과 형태의 균형을 의미한다. 애플 제품과 애플스토어에서 사용자 인터페이스(User Interface)가 바로 여기서 비롯한 여백의 미를 드러낸다. 넷째는 장인정신과 정밀함이다. 선사상에서 장인정신과 정밀함을 아주 중요하게 생각한다. 잡스는 사용자가 보지 못하는 부분까지도 완벽하게 디자인하는 장인정신과 정밀함을 강조했다. 애플 제품 내부 회로 디자인이 대표적인 사례이다.

다섯째는 직관적인 경험이다. 애플 제품은 자연스럽고 직관적인 사용 경험을 사용자에게 제공한다. 이는 선(禪)에서 강조하는 '무위(無爲, 억지로 하지 않음)' 개념과 일맥상통한다. 잡스는 다음과 같이 말했다. "단순함은 복잡함보다 어렵다. 단순하게 만들기 위해서는 생각을 정리해야 한다. 하지만 결국은 그것만이 진정한 가치를 만든다."

도쿄역 애플스토어는 기술과 자연 사이의 균형을 만든다. 이는 전국시대에 다도와 정원으로 발전한 일본 선미학 전통에 미묘하게 경의를 표하는 동시에 방문객에게 평

화로운 체험을 제공한다. 첨단 건축과 대나무의 결합은 분주한 마루노우치 지구 내에서 매장의 절제되고 조화로운 존재감을 돋보이게 하며 내부와 외부의 정직한 관계를 도모한다. 조나단 이브는 "건물의 구조와 푸른 대나무, 투명한 유리가 어우러져 빛이 가득하고 생명력이 넘치는 볼륨을 이루는 도쿄역 애플스토어 방식에는 정직함이 있습니다"라고 말했다.

1층은 초대하는 분위기로 디자인했다. 입구에서 먼 쪽으로 가면, 2층 슬래브가 뚫려 천장고가 높은 아트리움 공간이 나온다. 유리 외피에서 느꼈던 수평적 팽창감이 이곳에서 수직적으로 상승하며 퍼진다. 입구 옆 오른쪽에 2층으로 올라가는 백색 계단이 있다. 백색 메탈에 테라초 디딤판을 딛고 2층으로 올라가면 빛으로 가득 찬 백색 공간이 나온다. 계단실은 의도적으로 입구 옆에 두어 동선 길이를 줄였을 뿐만 아니라 계단의 조형성이 외부에서 보이게 했다.

계단실의 배치가 절묘한데, 바로 앞 KITTE가 보이다가 조금 더 오르면 도쿄역이 보이고, 더 오르면 미쓰비시 마루노우치빌딩 구관이 보인다. 노먼 포스터는 이러한 경관을 도시적으로 해석하려고 애쓴 듯하다. 천장은 백색 애쉬 오크로 처리해서 따스함을 더하고, 테이블과 스툴과 선반은 일반 오크를 사용해서 백색 애쉬 오크와 같으면서도 다르게 표현한다.

애쉬 오크 천장재는 음향에 도움을 준다. 또, 도쿄 애플스토어의 애쉬 오크 천장은 손맛이 느껴진다. 재료 자체의 질감도 있지만, 일본 장인들의 정밀한 시공은 촉각적인 질감을 정밀하게 보여준다. 천장을 가로지르는 일련의 패널은 백라이트를 두어 빛나는데, 그 결과 백라이트 패널들은 마치 허공에 떠 있는 표면처럼 보인다. 이는 매장을 돋보이게 할 뿐만 아니라 경쾌하게 한다.

마루노우치 애플스토어는 현대적인 디자인과 전통적인 일본 정원 선(禪)미학을 결합했다. 1973년 미쓰비시빌딩 저층부에 있는 이 매장은 격자형 골조 그리드를 완화하기 위해 고안한 3차원 곡면 유리창 코너 디테일이 특징이다. 또 내부 대나무 조경은 일본 선(禪)정원을 모티브로 나왔다. 잡스의 선불교의 관심과 미학이 일본 정원 요소와 합해져 도심 마천루들 사이에서 자연의 평온함을 선사하고 애플 여백 미학을 선사한다.

## 서울 명동 애플스토어

명동 애플스토어는 서울에 두 번째로 생긴 애플스토어다. 아이폰과 아이패드의 성공으로 2018년 가로수길 애플스토어에 이어 명동에도 문을 열었다. 애플이 어느 한 도시를 선정하여 애플스토어를 자리매김하는 데는 지금까지 다른 나라의 사례로 보면, 그 도시의 역사성, 상업성 및 유동성이 크게 작용하고 있음을 알 수 있다. 명동 애플스토어는 도쿄 마루노우치 애플스토어처럼 마천루의 저층부에 들어선 유형이다.

먼저 명동 일대에 대해 살펴보면, 명동은 서울 25개 구 중에서 중구에 속한다. 20세기 초부터 청계천 북부는 조선인의 중앙시장이었다. 이에 비해 청계천 남부는 일본인의 번화가였다. 명동은 청계천 남쪽, 남산 북쪽 지역이다. 더 정확히는 을지로 남쪽 지역, 퇴계로 북쪽 지역이다. 그리고 동서 경계는 삼일대로와 남대문로다. 명동성당을 동쪽 랜드마크로 두고, 롯데백화점과 신세계백화점과 한

국은행을 서쪽 랜드마크로 둔 명동 동서축 야외 명동길 보행 몰(Mall)은 (인사동+삼청동 거리와 더불어)강북 대표 상권이다. 명동 애플스토어는 명동 북쪽 끝인 을지로와 서쪽 끝인 남대문로 교차로에 위치한다. 을지로는 동쪽에 동대문디자인플라자(DDP)를 두고 있고, 서쪽에 서울시청 광장과 덕수궁을 두고 있는 서울 핵심 동서축 중 하나다.

조선시대에 동대문과 서대문을 잇는 축은 종로로 세종로(공공의 축)에 직교하는 민간(상업)의 축이다. 이 축은 서대문으로 가면서 자연지형으로 인해 남서쪽으로 45도 축을 비튼다. 그래서 을지로 동서축은 종로-축(Axis)보다 아래 있지만, 서대문이 동대문보다 아래 있어서 을지로 축을 지도에서 서쪽으로 이으면 서대문에 닿는다.

20세기 초에 시청(1938년)이 지어지고, 동대문 운동장(1925년)이 지어지며, 이 축은 서울의 근대화를 상징한다. 명동성당은 1898년, 한국은행(전 조선은행)은 1907년, 구 조선호텔은 1914년에 지어졌다. 제1차 세계대전 이후, 1920년대~1930년대 전 세계 개발붐과 마천루 붐이 일어났고, 서울도 이런 글로벌한 경향에 영향을 받아 을지로와 명동에 고층건물이 들어섰다. 오늘날까지 남아 있는 명동극장은 1936년 당시 서울의 세계화를 짐작하게 한다.

명동이 상업 번화가로 부상한 시점은 19세기 후반 중국 상인이 비단 상점을 연 1890년 초였다. 중국인이 운영하는 이발소와 의류 가게도 이때 나타났다. 당시 명동은

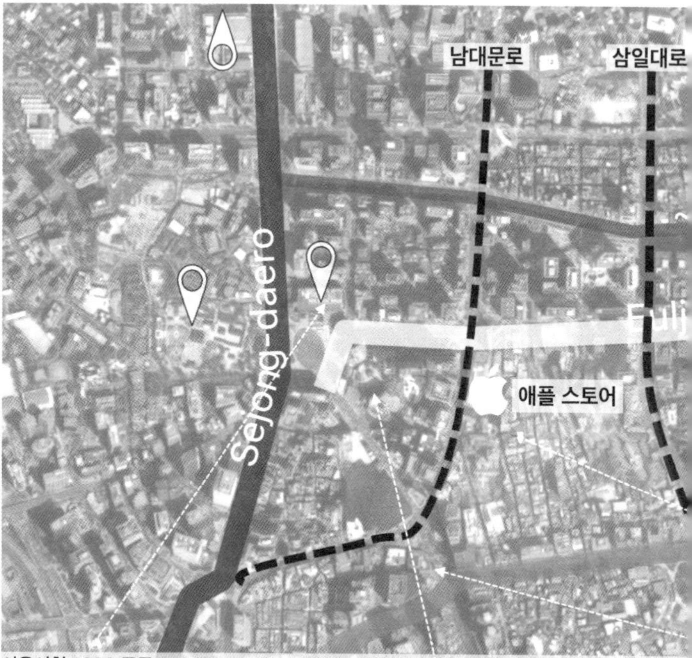


서울시청 1938 준공

구) 조선호텔 1914 준공

경성(구 서울명)은 청계천을 기준으로 북쪽 조선인 남쪽 일본인 지역으로 나뉘었다. 경성의 석조 건축은 일본인이 주도했고, 이중 한국은행과 명동극장은 아직 건재하다. 명동은 을지로와 퇴계로 사이에 위치하고, 애플 명동은 명동 서쪽 초입인 남대문로에 있다.

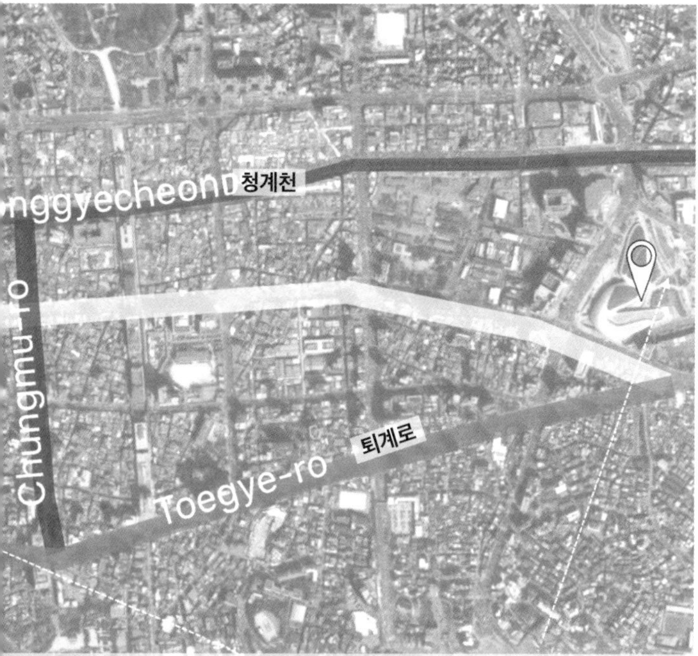


국은행 1907 준공

명동극장 1936 준공

동대문운동장 1925 준공

서양 문화 아울렛이었다. 1914년 조선시대 명례방이라 불렸던 명동을 일본인들은 명치정(메이지조)이라 불렀고, 명동이라 불리기 시작한 것은 1946년이었다.

전쟁 중 폭격으로 파괴된 명동은 전후세대인 1950년대 다시 개발붐이 일어났다. 이를 기점으로 근대식 (중국식 혹은 일본식) 명동은 사라졌고, 현대식 명동이 생겼다. 1960년대 을지로와 남대문로에 모여 있던 금융권이 명동으로 확대해서 들어왔다. 이때부터 들어온 보험회사와 주식회사, 은행과 투자은행 등이다. 오늘날 서울의 금융권은 명동과 여의도 둘로 나뉜다. 1970년대부터 글로벌 패션과 유행과 브랜드가 명동에 들어왔다. 명동은 21세기가 들어 K팝과 K드라마의 영향으로 서울을 방문할 때 꼭 방문해야 하는 대표적인 관광지 중 하나가 되었다.

애플이 명동에 애플스토어를 개장한 것은 2022년이었다. 개장 당시 국내(가로수길과 여의도 애플스토어)에서 가장 큰 규모의 매장이었다. 명동 애플스토어는 애플이 전세계에 오픈한 애플스토어의 518번째 매장이었다. 이 매장에는 220명이 일하고, 이들의 국적은 8개국으로 나뉘고, 사용하는 언어는 11개이다. 서울에서 가장 국제적인 장소에 부합하는 직원 국적이라 할 수 있다. 내부적으로 직원들은 명동 애플스토어를 R706이라고 부른다.

애플은 해외에 매장을 낼 때, 그 나라의 자연과 문화적 요소를 개념적으로 가져오려고 하는데 명동 애플스토어의 영감은 18세기 후반 그림인 책가도였다. 책가도는 책장 안에 책더미와 필통, 붓, 먹, 도장과 같은 각종 문방구를 비롯해 도자기, 화병, 부채와 같은 물건이 놓인 모습을 표현한 그림이다. 정조 시대부터 선비들 사이에서 책가도를 사랑방(손님을 접대하기 위해 쓰는 방)에 전시하는 것이 유행했다. 책가도는 서양 투시도와 달리 소실점이 없는 상태로 그리는 펼친 등각투상도이다.

애플이 책가도를 시공 중에는 가림막으로 사용하고, 준공 후에는 인테리어로 사용한 이유는 조선시대 명동이 학식이 높은 학자들의 거주지였기 때문이었다. 이들은 주로 조정을 비판하는 소론이었다. 이들이 예절과 풍습을 잘 지킨다고 해서 명동 지역을 '밝은 마을'이라는 의미의 '명례방'이라 불렀다. 애플은 선비들의 배움에 대한 의지를 배움의 미학이라 불렀고, 이를 현대의 서울에 접속하고자 했다. 애플스토어 책가도에는 소나무와 붓이 있고, 구름을 타고 맥북을 사용하는 도사와 아이패드로 난을 치는 화가가 있다. 18세기 명례방이 곧 21세기 애플스토어라는 점을 전파하는 것 같다.

명동 애플스토어는 전면 6개의 기둥과 측면 4개의 기둥으로 이루어진 평면이다. 기둥의 존재감을 지우는 대신 스테인리스 스틸로 감싸서 강조했고, 유리벽은 기둥과 기둥 사이에 반쯤 집어넣어 시공했다. 그리고 다른 많은 애플스토어 매장과 달리 유리판을 수직으로 세우는 대신 수

남대문로 입면도

1층 내부

전정

2층 내부

평으로 눕혔다. 기둥의 수직성을 완화하고, 내부의 2층 슬래브 에지의 수평성을 강조하기 위해서 유리 조인트를 세우지 않고 눕혔다.

그래서 건물의 기둥이라는 존재감은 살리면서 내외의 구분을 지운다. 남대문로의 건물의 주 입면은 5칸으로 나뉜다. 양 모서리 한 칸은 앞마당이다. 인도에서 살짝 들어가 회전하며 매장으로 들어가게 했다. 앞마당에는 이재효와 바키(Vakki)의 조각이 각각 있다.

내부로 들어가면 거대한 아트리움이 나오고, 아트리움을 수직으로 양분하는 것은 날렵한 슬래브 에지이다. 아이폰을 전면 배치했고 맥북과 아이맥은 후면 배치했다.

2층으로 가는 계단실은 엘리베이터 샤프트를 회전하며 올라간다. 샤프트는 반사재로 마감하여 계단을 오르는 동안 표면에 역동적으로 주위를 반사하며 오르는 피로감을 잊게 한다. 계단실 샤프트 내부 모서리는 유연한 곡선이다. 계단은 수직판과 수평판으로 나뉘는데, 수직판은 반사유리로 처리했고, 수평 디딤판은 돌로 처리했다. 특히 돌판 에지는 2층 슬래브와 마찬가지로 에지에서 날렵하게 접었다. 수직면의 반사와 수평면의 돌 표면의 질감과 엣지의 날카로움이 보는 이의 신경을 꼿꼿하게 치켜세운다.

이처럼 명동 애플스토어는 작은 곳에서 디테일로 사람들을 일깨운다. 가령 유리 난간이 엘리베이터 샤프트 벽과 만날 때는 두 겹으로 한 강화 유리 난간이 아주 작은 틈을 남기고 반사하는 벽 앞에서 선다. 이 간극은 두 건축 재료의 틈이 발생하는 긴장이다. 그런가 하면, 1층에 식재와 바닥 돌이 만나는 디테일이라든지, 바닥 조명을 덮는 돌 덮개라든지 이런 곳에서 보이는 스몰 디테일의 공예적 장인정신은 우리가 근대화라는 이름으로 (혹은 대량생산이라는 이름으로) 지워버린 우리 선조들의 장인정신을 다시 생각나게 하고, 수 세기 동안 면면히 이어온, 그러나 지금은 잊혀진 그 손길들을 뒤돌아보게 한다.

조형적인 계단실을 올라오면, 1층과는 사뭇 다른 조용하고 평온하고 안온한 2층이 나온다. 목가구 테이블 옆에는 스툴이 있어 앉으라고 권유한다. 앉는 순간 2층 공간이 주는 고요함(계단실이 전한 강렬한 인상에서 다소 벗어나지 못해 느끼는 정서적 고요함도 조금 있다)과 편안함이 있다. 엘리베이터 샤프트 벽면의 스테인리스 스틸 마감은 일부는 헤어라인으로 처리하여 무광택-면을 주었고, 일부는 폴리쉬(polish)를 하여 거울-면을 주었다. 반사상을 뿌옇게 빨아들이는 효과와 반사상을 거울처럼 반사하는 효과가 동시에 난다.

2층 포룸 슬래브는 캔틸레버(한쪽에서만 지지하는 내민-슬래브 형태)로 처리해서 아트리움까지 날렵하게 나간다. 이 슬래브의 에지를 유심히 볼 필요가 있다. 슬래브 에지 수직면은 접었다. 수직면을 접을 때, 수직면의 상단을 내밀 수가 있고, 하단을 내밀 수가 있다. 명동 애플스토어 슬래브는 후자를 선택했다. 이는 2층보다 1층에서 볼 때를 더

반사유리

사진 © 이중원

난간 에지 디테일

디딤판
밑면 마감은
거울

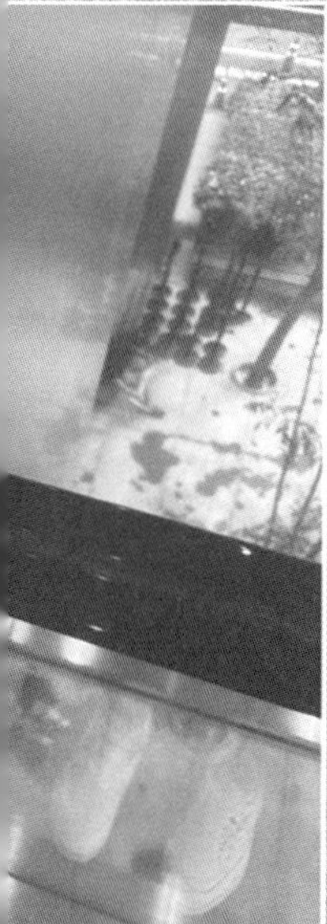

식재 바닥 디테일

고려한 처마 효과 디테일이다.

1층에서 이 슬래브 에지를 보면, 2층 바닥이 만드는 천장과 3층 바닥이 만드는 천장에 근경과 원경에서 각각 보이는데, 2층 바닥 슬래브를 에지 하단을 내밀면서 접었기 때문에 종잇장처럼 얇아 보인다. 이를 강조라도 하려는 듯 천장의 에지 마감은 메탈로 했고, 나머지는 백색 스투코로 했다. 이에 반해, 3층 바닥이 만드는 천장 마감재는 우드로 했다. 높고 넓게 펼쳐지는 고천장은 우드로 따스하게 처리했고, 얇고 상대적으로 넓지 않은 저천장은 날렵한 메탈 에지를 주어 처리했다. 이는 또한 남대문로에서 보아도 상당히 효과적인 디테일이다. 인도에서 보면, 기둥 높이에 있는 고천장은 안정감과 따스함을 주는 반면, 기둥 중간 높이에 있는 저천장은 에지가 살아 긴장감과 차가움을 준다.

명동 애플스토어는 넓은 개방형 공간에서 도로와의 관계성, 재료가 공간에 주는 밀도와 질감과 효과를 강조한다. 아트리움은 거대한 수평창을 통해 자연광을 풍부하게 유입하며, 날렵한 2층 바닥 슬래브 에지에 엑센트를 부과하며, 바닥과 엘리베이터와 계단에서 마감재의 세밀한 속성을 드러낸다. 목재 고천장에 전략적으로 배치된 부드러운 인공 조명은 전체적으로 따스한 분위기로 부분에서 일어나는 돋움을 때론 눌러주고 때론 세워준다.

포스터+파트너스의 스테판 벨링 대표는 다음과 같이

설명했다.

> “명동 애플스토어는 서울 한복판에서 평온함의 포켓으로, 명동의 에너지와 생동감과 대조를 이룬다. 유리 파사드와 매장 내부로 이어지는 녹지는 실내와 실외의 경계를 모호하게 만들어, 서울 구도심의 간선도로 및 골목길 도시 조직과 새로운 시각적·물리적 연결을 도모한다.”

유리 파사드의 거대 수평 유리판들이 내외 공간의 시각적 상호 관입을 유도하지만, 이를 돕는 것이 바닥재와 천장재이다. 내부 마감재를 외부 마감재로 이어주니, 안 같은 밖이 되고, 밖 같은 안이 된다. 또한 전정과 아트리움에 배치한 고목나무는 마감재만큼 내외 연결을 협조하고 동시에 2층까지 솟아올라, 공간의 내외 수평적 이음뿐만 아니라 내부 공간의 수직적 이음도 하나로 통합한다.

특별한 재료는 보드룸에 사용한 한지다. 조명 반사판 역할을 하는 재료로 사용했다. 한지는 닥나무의 속껍질을 원료로 제작하며 우리나라 기후에서 잘 자라는 나무이다. 한지는 강한 내구성으로 유명하고, 찢어짐과 노화 적응력이 무척 뛰어나 수백 년이 지난 건물이나 도서나 회화에 사용한 한지가 아직까지 멀쩡한 경우가 많다. 또한 이를 인공 조명과 함께 사용하면 나무의 섬유질을 투과하는 빛

유리 내부 마감

유리 외부 마감

Blur 효과

조명 마감

코너 마감

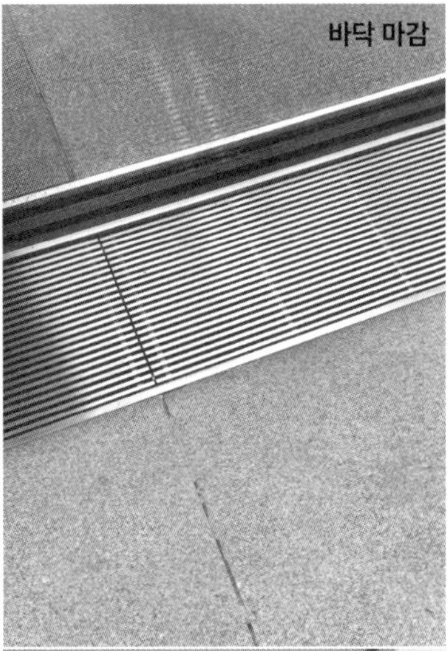
바닥 마감

조명 마감

기둥 마감

이 나와 따스하고 안온하며 평온하다. 대로의 인도와 명동 블록 내의 골목길이 이곳에서 창의적으로 만난다.

3장

# 지하 같지 않은 지하, 눅눅한 공간에서 보송보송한 공간으로

지하형 애플스토어

## 뉴욕 5번가 애플스토어

뉴욕 5번가 애플스토어는 2003년에 준공해 리모델링을 두 번 했다. 첫 애플스토어는 건축가 피터 볼린이 디자인했고, 이후 두 번의 개축은 노먼 포스터가 디자인했다. 그는 캘리포니아 쿠퍼티노의 애플 본사를 성공적으로 마치고, 스티브 잡스의 전폭적인 지지 아래 전 세계 애플스토어를 모두 디자인하는 '애플 아키텍트'가 됐다.

뉴욕 5번가는 오늘날 전 세계에서 상업적으로 가장 상징적인 길이다. 5번가는 글로벌 자본과 기업과 예술의 총화다. 5번가는 도금시대 제이피 모건과 밴더빌트부터 수많은 건축적(역사적, 물리적, 정서적) 유산을 쌓았다. 오늘까지 이 거리의 마력과 매력은 소박한 시골길에서 출발하여 세계적인 부와 혁신의 아이콘이 된 데 있다. 5번가 유리 큐브 애플스토어는 2006년 5월 19일 GM 본사 마천루의 앞마당에 모습을 드러냈다.

5번가는 센트럴파크 남단(59번 스트리트)에서 시작하여 워싱턴스퀘어에서 끝난다. 바로 그 시작점에 애플스토어가 새로운 대문 광장이자 혁신 아이콘으로 들어섰다.

유리 큐브의 높이는 9.5미터이다. 이 큐브를 들어가 유리 계단을 밟고 내려가면 지하에 디스플레이 공간이 나온다. 유리 큐브는 기능적으로 생각하면 지하층으로 들어가는 유리 대문이지만, 도시적으로 생각하면 5번가라는 세계적인 번화가의 시작과 입장을 알리는 유리 광장이다.

뉴욕은 흐름의 도시다. 물자가 흐르고 정보가 흐르고 사람이 흐른다. 뉴욕에서 바로 이 흐름의 혁명은 세계사와 궤를 같이한다. 이동 매체는 마차에서 운하로, 운하에서 철도로 바뀌었다. 미 중부 곡창지대를 동부 항구로 이어준 이리 운하(1830년 개통)는 뉴욕의 무역 역사를 새롭게 썼다. 상품을 운송하는 뱃삯보다 기차가 더 저렴해지자 철도시대는 운하시대를 갈아엎었고, 이때부터 뉴욕과 시카고의 부는 보스턴과 필라델피아를 능가했다. 이는 뉴욕 인구 폭증으로 이어졌다. 운하와 철로가 도시에 가지고 온 부(富)와 그에 따른 인구 유입은 뉴욕을 무역과 정보, 금융과 부동산의 '핫플'로 만들었고, 이 거대한 자본주의 시스템이 만든 도금시대 거부들은 5번가에 저택을 지어 '백만장자의 길'을 만들었다. 애플스토어는 바로 이 거리의 시작점이기도 하다.

뉴욕 부동산 황제인 애스터(Astor) 가문, 미국 철도왕인 밴더빌트 가문, 철의 황제인 카네기와 프릭 가문이 지은 화려한 저택은 맨해튼의 부를 상징했다. 센트럴파크 남쪽에 오늘날 공중권을 사용해 바늘 모양의 초고층 주거 마천루를 지어 수직적인 '1조 클럽의 길(Billionaire's Row)'은 '백만장자의 길'의 21세기 버전인 셈이다. 5번가가 부촌을 형성하자, 이들을 대상으로 삼은 명품 매장과 갤러리와 박물관이 속속 들어왔다. 뉴욕 대표 박물관인 메트로폴리탄 박물관(NY MET), MOMA, 구겐하임 박물관, 프릭 컬렉션, 휘트니 미술관이 들어섰다.

그런가 하면, 버그도프굿맨백화점과 색스피프스애비뉴백화점과 같은 고급 브랜드 매장이 들어섰다. 초호화 리테일 대명사인 티파니앤코(Tiffany & Co.), 루이비통(Louis Vuitton) 등이 5번가(남북 방향 애비뉴) 49~60번 스트리트 사이에 자리잡았다. 문화와 상업이 서로 시너지를 냈다.

애플이 현재 위치에 애플스토어를 설립하기로 한 결정은 뉴욕 5번가의 역사성과 상업성, 문화성과 소비성에 대한 깊은 이해에서 비롯한다. 이 애플스토어가 남다른 이유는 1층을 유리 큐브만 두고 모두 비운 점이다. 스티브 잡스는 이 터에 매장을 두지 말고 광장으로 비우자고 제안했고, 그 아이디어를 건축주인 뉴욕 유대인 디벨로퍼가 수용했다. 만약 프라임 자리라고 해서, 화려한 자기-충족적, 자기-과시적인 건물을 세웠다면, 현재의 투명함과 비워둠은 깁이 빠졌을 것이다. 모든 매장 공간을 지하에 두어 뉴욕에서 희박한 광장을 시민에게 돌려준 점이 다른 어떤 백화점

보다 더 입소문을 나게 했다.

뉴욕의 거의 모든 상업 건물은 워낙 땅값이 비싸 한 뼘이라도 더 지으려고 하는데, 애플스토어는 반대의 길을 걸었다. 그 결정, 그 용기, 그 철학에 대중은 도리어 더 열광했다. 애플의 이런 건축적 시도에 사람들은 천문학적인 방문 횟수로 화답했다. 개장 당시 1년간 무려 4,000만 명이 다녀갔고, 2년 차에는 5,700만 명까지 늘었다.

본래 GM 본사 마천루는 20세기 중반 GM이 가장 잘나갈 때 세웠지만, 20세기 말에 일본 자동차에 밀려 회사가 어려워지자, 뉴욕에서 가장 잘나가는 디벨로퍼에게 마천루를 팔았다. 이 크지도 작지도 않은 성큰 가든(Sunken garden)을 회생시켜 마천루의 가치를 높일 수 있는 상인은 스티브 잡스밖에 없다고 생각한 디벨로퍼는 캘리포니아주 쿠퍼티노에 있는 잡스에게 연락했고, 잡스는 그의 만남을 흔쾌히 수락했다.

잡스는 볼린 시윈스키 잭슨(Bohlin Cywinski Jackson)을 건축가로 위촉했다. 이들은 잡스의 요청에 따라 불필요한 구조와 디테일을 지웠다. 잡스는 유리 큐브와 지하로 내려가는 유리 계단과 유리 엘리베이터를 요구했다. 또 유리 긴 결재를 모두 지우라고 했다. 미니멀한 유리 광장과 애플스토어는 그렇게 탄생했다. 이는 건축가 스탠포드 화이트가 5번가 끝점인 워싱턴스퀘어에 돌로 지은 개선문과 강한 콘트라스트를 주는 21세기형 애플의 투명 개선문이었다.

광장에 깐 돌은 코타(Kota)석으로 라임스톤 계열이다. 백색 바탕에 유기적인 흑색 문양을 가지고 있는 이 돌을 크고 두툼하게 듬성듬성 썰어서 바닥에 두었는데, 돌의 줄눈 간격과 돌의 두께가 전하는 두툼함과 무거움, 그 돌 표면을 흐르는 문양과 질감이 유리 큐브의 가벼움과 투명함을 더 가볍고 더 투명하게 한다. 당시 유리 큐브 문을 열고 들어가면, 원형 유리 계단이 지하로 인도했다. 유리 난간을 본 적은 있어도 디딤판마저 유리인 것은 모두에게 첫 번째 경험이었다. 새로운 체험이자 새로운 체감이었다. 주변은 모두 돌 마천루여서 무게감이 상당한데, 유독 이곳은 유리 껍데기에 유리 계단이어서 그 가벼움과 여림이 눈을 쏘았고 발바닥을 깨웠다.

사실 유리는 혼자 서 있기에 물질이 딱딱하지도 그렇다고 튼튼하지도 않다. 보통은 철의 도움으로 서 있고, 충격에 잘 깨진다. 거기다가 유리 한 장 크기가 커지면 무게가 많이 나갈 뿐 아니라 공장 생산이 불가해서 가격이 천정부지로 솟는다. 특히 해풍이 강한 뉴욕에서 바람이 세게라도 불면, 외벽 유리면에 가해지는 바람 무게는 건물 자체 무게를 능가할 수도 있다. 심한 경우, 1제곱미터의 유리판 1장 면적에 1톤 이상의 무게도 걸린다. 따라서 유리판이 커지면 커질수록 엄청난 가격과 시공의 불가능성이 임계치에 다다랐음을 보아야 한다. 애플스토어의 유리판 크기는 바로 이 점을 일깨운다.

유리 외벽은 아주 두꺼운 구조 유리를 활용했다. 전 세계에서 이런 높이의 이런 두께의 유리를 만들 수 있는 곳은 중국과 유럽밖에 없다. 서울 가로수길 애플스토어에 가 보면, 지금 설명한 그런 임계점을 볼 수 있다. 가로수길에 사용한 유리판 한 장이 우리 돈으로 2억~3억이었다고 하니, 입면에서 애플이 유리판과 유리판 사이의 줄눈(혹은 매질)을 최대한 줄이려는 집념은 거의 종교적이다. 뉴욕의 유리 큐브 애플스토어를 유심히 보면, 유리벽을 철 기둥이 붙잡지 않고 있고, 유리 핀(Fin, 비늘)이 대신한다. 또한 철보가 붙잡아야 하는 유리 지붕을 유리 보가 대신한다. 철이 유리를 붙잡을 때보다, 유리가 유리를 붙잡을 때 시공의 난이도는 급격히 올라가고 가격도 그만큼 올라간다.

스티브 잡스는 유리의 투명함을 방해하는 그 어떠한 철물도 최대한 지우려고 했다. 잡스는 아이폰이나 맥북을 디자인할 때처럼 애플스토어가 디테일에서 미니멀리즘의 최대치에 도달하고자 했다. 유리집이 처음 가림막을 거두고 5번가에 선보였을 때, 하루 중 언제 보느냐에 따라, 대기의 습기 정도가 어느 정도냐에 따라, 유리 큐브는 보였다가 사라졌고, 그 유리판 표면을 지나는 하늘의 빛깔도 습도에 따라 새롭게 변했다. 이는 새로운 체험(i-experience)이었고, 새로운 관계(i-connectivity)였고, 새로운 소통(i-communication)이었다.

애플스토어 광장에 앉으면 5번가 건너에 뉴욕 백색

명품 건축 플라자호텔이 보인다. 이곳에서 조금 걸어 남쪽으로 내려가면 또 다른 뉴욕의 명물 록펠러센터 광장이 있다. 여기서 조금 더 내려가면 42번가에 뉴요커들이 사랑하는 브라이언트파크가 나온다. 애플스토어 광장과 록펠러센터 광장과 브라이언트파크 광장은 이제 미드타운 5번가의 광장 3인방이다. 시간을 달리하며 뉴욕의 명물로 서서히 생긴 이들 도심 속 광장은 시대마다 뉴욕 미드타운의 부름에 대응했다. 부족한 부분을 고쳤고(애플 광장), 모자란 부분을 채웠고(록펠러센터 광장), 넘치는 부분을 덜었다(브라이언트파크 광장).

플라자호텔과 애플스토어는 훌륭한 듀오다. 플라자호텔이 용적률을 꽉 채운 백색 산이라면, 애플스토어는 그 반대인 용적률 0으로 수렴한다. 플라자호텔의 안티테제로 있는 애플스토어는 투명하고 작고 가볍다. 또한 애플스토어는 5번가 센트럴파크(미국 최고 야외 녹지공원)와 록펠러센터 광장(미국 최고 야외 인공광장)을 이어주는 오작교다. 19세기 픽처레스크(Picturesque) 양식의 센트럴파크와 20세기 초반 아르데코 양식의 록펠러센터 광장 사이에서 뉴욕의 21세기형 광장은 어때야 하는지를 애플스토어 광장은 보여준다.

뉴욕 5번가 애플스토어의 성과(방문객 규모)를 보고 스티브 잡스는 앞으로 전 세계에 지어질 애플스토어가 어때야 할지를 가늠했다. 이를 요약해 보면 다음과 같다. 첫째,

미국 내에서 가장 유명한 뉴욕 5번가 애플스토어. 5번가(뉴욕 번화가)와 59번가(센트럴파크 최남단 도로) 교차로에 있다. 1층 광장 모습과 지하층 매장 모습(상). 광장의 스테인리스 스틸 의자가 지하 매장 내부의 천창이다. 광장에 있는 유리 큐브로 들어가면 마주하는 유리 난간과 스테인리스 스틸 디딤판의 조각과 같은 계단(하).

유동 인구가 많은 곳. 둘째, 도시의 역사와 번화가의 진화가 보이는 곳. 셋째 도시 그리드와 도시 블록에 스토리가 있는 곳. 넷째 과거와 미래에 동시에 이바지할 곳. 다섯째 간결한 소통의 스토어가 가능한 곳. 아마도 이런 원칙들 때문에 애플스토어는 지어지는 곳마다 단지 판매 장터가 아니라 문화 허브가 되었다.

2019년 9월 20일 애플은 5번가 애플스토어를 개축했다. 노먼 포스터는 이전 건축가 피터 볼린보다 디테일을 더 지워나갔고, 기능은 더 향상했고, 지하 매장 면적은 더 넓혔고, 천장은 더 높였고, 자연광 조도는 더 올렸다. 개축 후, 이곳은 매년 5,700만 명 이상의 방문객이 다녀가고 있다.

포스터가 새로 디자인한 뉴욕 5번가 애플스토어는 기존 유리 큐브에 있던 유리 기둥과 유리 보의 수를 줄였고, 광장에는 조형적인 스테인리스 스틸 벤치가 빛이 나오는 천장이 되게 했고, 광장에는 나무를 심었다. 기존 피터 볼린 유리 큐브와 유리 계단에는 철물이 많이 부착되어 있어 투명도가 떨어졌는데 이마저도 많이 지워서 이제 밖과 안은 하나고, 디딤판과 폴리쉬한 강철 벽 관계는 긴결재 부족이 가져오는 긴장감이 집중도를 현저히 높였다.

철물 긴결재마저 지워나가는 유리 큐브의 투명도를 높여 물리적으로는 있지만 없는 듯하여 완전 없음보다도 더 비실재로 다가가는 부분 없음이다. 그 결과, 도시와 애플스토어의 시각적 관계는 부분 없음과 부분 있음 사이에서 완전 없음과 완전 있음보다도 더 광장의 맥락 관계를 느슨하게 한다. 이 반-실재의 비실재와 반-부재의 비부재가 만드는 느슨함은 나와 너 사이에 혹은 나와 사물 사이의 그 어떠한 명료함보다도 경계를 깊게 한다.

포스터는 무결점 무결함 반사 표면의 대형 유리판을 만들었다. 매끄럽고 반사적인 표면은 하늘이 흘렀다 마천루가 흘렀다 하며 주변 자연경관과 도시경관을 일시적으로 포착하고 시간이 지나면 다른 이미지를 반사한다. 그로 인해 새로 제작한 유리 큐브는 이전보다 한층 더 초현실적인 도시 스크린으로 다가온다. 마치 투명 가운을 입혀 사람들의 눈에 안 보이지만 투명 가운 위로 일렁이는 파도처럼 주위가 드러났다 사라진다. 유리는 창의 기능을 넘어 스크린이 되고자 하고, 광장 바닥은 빛을 투과하는 천창이 되고자 한다. 이런 자기 부정의 맥락 긍정이 5번가 애플스토어의 건축 철학이고, 광장 선언이다.

내부는 그 밖의 다양한 재료로 실험을 이어간다. 통상 건축가는 각 재료, 예를 들면 유리, 강철, 돌, 목재와 같은 재료를 사용할 때, 그 재료의 비중을 생각한다. 물의 비중은 1이다. 이를 기준으로 유리는 비중이 2.7, 강철은 8, 돌은 2.8, 나무는 0.5~0.8이다. 재료에 민감한 사람들은 비중이 높은 것은 적게 쓰고 비중이 낮은 것은 넓게 쓴다. 사람들은 공간의 무게감을 재료의 비중을 감안하여 무의식 중에 느끼는데, 애플스토어는 다양한 재료의 비중이 만드는 무게 관계를 공간에서 펼친다. 때로는 넓은 가벼움으로 다가가고, 때로는 얇은 무거움으로 다가간다.

투명한 유리와 부드러운 곡선형 직물 천장재는 넓게 쓰고, 무거운 강철 계단 디딤판은 조형적으로 적게 썼다. 비중이 낮은 재료는 넓게 써서 가벼운 바탕이 되고, 비중이 높은 재료는 적게 써서 피규어(Figure)가 된다. 물질의 무게감을 때로는 강화하고 때로는 상쇄하여 긴장과 균형을 제작한다. 예를 들면, 계단 디딤판은 물질적으로는 강판이라 무거운데 하단을 조형적으로 써서 조각처럼 보이도록 했고, 빛이 유리 큐브를 지나 디딤판 사이를 지날 때는 그림자가 춤을 추게 했다. 이는 백색 천장의 균질감에 가하는 변화이고, 직물 천장의 비중에 악센트가 되는 강철 디딤판의 비중이며, 천창이 주는 빛에 대응하는 계단의 그림자이다.

포스터는 지하 공간의 너비를 늘렸고, 천장을 높였다. 이는 작은 차이 같지만 구조적으로는 대단히 큰 차이이다. 기존 틀을 유지한 채 일부를 철거하고 새로 시공하는 그 과정은 마치 성형외과 수술에 버금간다. 이렇게 힘들게 얻은 작은 천장고 차이가 결코 작지 않음을 포스터는 잘 알았다.

중앙 원형 계단실의 강철 계단 디딤판은 원형 엘리베이터 벽에 부착했다. 비중이 높은 재료를 지지점인 벽에서는 두껍게 썼고, 벽에서 멀어질수록(지지가 없는 에지에서) 강철을 얇게 써서 날렵함을 강조한다. 디딤팜의 얇은 쪽에 두꺼운 유리 곡면 난간을 두어 얇은 디딤판 에지에서 두꺼운 유리가 넘어질 듯 서 있다. 비중이 높은 강철 디딤판 재료의 무거움은 지지점에서 멀어질수록 가볍게 보이도록 얇게 처리하면서, 다시 그 에지점에서 난간의 두꺼움을 보여 시각적 무게감이 에지의 얇음의 연약함을 더욱 위태롭게 보이도록 처리한 솜씨가 빼어나다.

이 부러질 듯 말 듯 있는 디딤판과 곡면 유리 난간은 그 위 유리 큐브를 관통해서 들어오는 자연광 아래서 반사와 그림자로 요동한다. 디딤판은 그림자를 그리고, 난간은 빛 반사를 한다. 뉴욕 애플스토어 계단 모티브는 방콕 애플스토어에서 반복한다. 거울면과 같은 디딤판 하단부는 비중 놀이 속에서 그림자로 춤춘다. 비중이 높은 강철 (계단)의 소량 사용은 그 위의 비중(재료의 밀도)이 낮은 유리 (큐브의) 넓음과 균형을 도모한다. 가벼움과 무거움의 대비, 다량과 소량의 대비, 투명함과 불투명함의 대비가 애플스토어의 숨은 디자인 비밀이다.

넓은 내부 천장면은 구름처럼 3차원 곡면 천장으로 부피감이 있다. 그런데 이 기하학적 형태는 천장 볼륨이 주는 두께보다 가벼워 보인다. 곡선형 백색 직물 천장에는 깔대기 같은 천창을 달아 광장 위 사람들의 움직임을 저녁에는 끌어들이고, 밤에는 이 방에서부터 나가는 조명이 광장을 밝힌다. 건축가는 흔히 비중이 높은 재료를 천장에 써서 그 비중이 전하는 무게감으로 공간의 긴장감을 높이는데, 이곳은 반대다. 여기서는 곡선형 직물의 부피감은 주되, 곡면과 백색과 천창으로 물질의 비중이 전하는 긴장감을 없앴다.

목제 가구들은 따뜻함과 인간적인 터치를 도입하기 위해 사용한다. 제품에 집중이 되도록 일단은 단순 간결하다. 고품질의 매끄러운 오크(참나무)로 제작된 진열 테이블은 유리와 강철의 차가운 현대적 이미지를 따스하고 부드럽게 한다. 또한 유리와 강철의 단단한 표면과 대조를 이루는 촉각적이고 유기적인 요소로 조화와 균형을 이룬다.

큐브에서 유리 천창과 강철 계단이 대비를 이루듯, 진열 공간에서는 직물 천장이 무거운 돌바닥과 조화를 이룬다. 폴리머는 무기질 재료라 표면에 시간성이 없지만, 돌은 열과 압력의 오랜 작용을 표면 질감에 간직하여 전달하는 속성이 있다. 전자는 중성적이고 후자는 시간적이다. 돌의 비중과 결은 공간을 안정적으로 만들어주며, 백색 곡면 직물 천장은 도전적이다. 무기물과 유기물이 이루는 팽팽한 긴장감이다.

제품 테이블은 상호작용을 촉진한다. 손님들은 최신 기기를 테스트하거나 새로운 기술을 탐구하며 제품을 직접 만지고 경험한다. 중앙의 개방된 공간은 높은 천장과 넓은 바닥 면적으로 설계되어 손님들은 그 안에서 소금쟁이처럼 미끄러지듯 이동한다. 내부에 사용된 재료는 입구

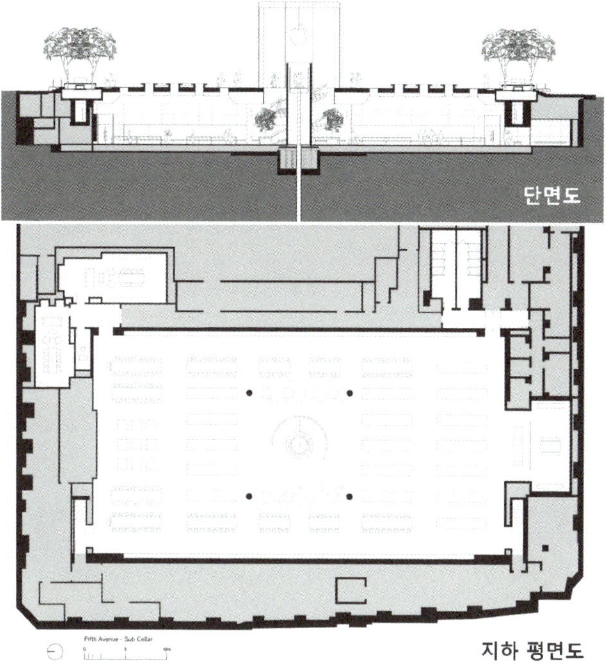


뉴욕 애플스토어의 단면도와 평면도. 본래는 건축가 에드워드 스톤이 디자인한 GM 타워의 성큰 가든을 내부화하여 애플스토어로 개조했다. 처음에는 볼린 시윈스키 잭슨이 설계했고, 그 후 건축가 노먼 포스터가 매장의 천장고를 대폭 높이고 천창을 주어 지금과 같이 멋진 모습으로 바꾸었다.

에서 제품 디스플레이까지 매끄러운 경험을 제공한다.

돌로 마감한 바닥은 공간을 고정하며 손님들을 제품으로 유도한다. 유리는 뉴욕 하늘의 변화를 지하에까지 담아낸다. 돌은 매장 바닥의 안정적이고 견고한 기초를 제공하며, 천장과 유리 큐브와 강철 계단은 허공을 활보한다.

건축 구성은 간결하며 강렬하고, 공간 구성은 매끄러우면서 미니멀하고, 재료 구성은 절도와 절제가 흐른다. 평범한 고객도 이 안에서만큼은 마법에 걸린 신데렐라처럼 궁전에서 춤추는 기분이 들고, 제품이 전하는 비현실적 체험을 한층 더 초현실화한다. 꿈이지만 몰입하고 싶고, 현실이 아니지만 현실이길 간절히 바란다. 이는 애플의 사회 환원 의지에서 비롯한 건축과 도시 만들기이다.

포스터가 새로 만든 애플스토어 내부는 탐색과 상호작용을 장려한다. 광활한 개방형 공간으로 구성했는데 그 안에서 유리 큐브와 강철 계단이 중심이고, 백색 곡선형 직물 천장과 돌바닥은 경계다. 지하 공간은 유리 큐브를 통해 접근하며, 세련된 계단이나 엘리베이터를 통해 지하에 도달한다. 뉴욕 애플스토어는 5번가의 시작점으로 5번가를 21세기로 견인하고, 내부는 최첨단 건축 구조 기술과 재료 기술을 균형 있게 운용한다. 기존의 관점을 흔들고 새로운 세계로 나아간다.

## 밀라노(리버티 광장) 애플스토어

중세 밀라노의 도시 이미지는 로마네스크 양식 교회와 요새를 중심으로 형성했다. 또한 신앙과 상업이 공존하는 중세식 골목길 광장 도시 구조였다. 밀라노 애플스토어는 리버티 광장에 있다. 애플스토어가 들어선 리버티 광장은 중세부터 활발한 상업 활동이 이루어진 장소다. 당시 이곳에는 장인들의 작업장과 부유한 상인 저택이 자리했다.

2020년 포스터가 디자인한 밀라노의 애플스토어는 개장과 함께 인기를 끌었다. 최신 애플 제품을 보러 갔던 사람들은 최신 광장과 건축을 덤으로 보았다. 밀라노 애플스토어는 뉴욕 5번가 애플스토어나 샌프란시스코 애플스토어처럼 도시에서 빛바랜 장소를 새롭게 밝힌다.

이탈리아는 더위가 심해 광장마다 분수를 두는 것은 예나 지금이나 한결같다. 애플이 새로 조성한 리버티 광장에도 분수가 있는데, 차원이 다르다. 노천극장의 스크린처럼 유리 스크린이 있고, 관중석이 있으며 유리 스크린에

물이 폭포수처럼 쏟아진다. 내부에서는 그 물결이 천창이 된다. 애플스토어의 모든 프로그램은 지하에 있고, 야외 광장에서 그 내부 광경을 계단참 사이로 볼 수 있다. 자연광도 그 사이를 비집고 들어가 지하 매장을 밝힌다.

지금까지 보면, 애플은 도시 역사를 샅샅이 조사하고 뒤집어엎어 새롭게 조망한다. 도시 생태계를 관장하는 기존 도시 그리드와 도시 블록의 진화를 살펴보면서 도시 블록 내의 골목길을 세심하게 분석한다. 그러고 나서 새로운 애플스토어를 통해 잠자고 있는 세밀한 도시 조직을 깨운다. 빛을 반사하는 샹들리에의 유리구슬처럼 도시 내의 건물이 시간을 누적하며 쌓아올린 물리적 반사 관계망 안으로 들어가 새로운 반사체로 주변을 밝힌다. 바로 이 점이 애플스토어의 힘이고, 애플 광장의 빛이다.

최소한의 이음매로 구성한 유리 매장은 낙후된 도심의 돌 건물 사이로 들어가 광장의 때를 벗겨내고 여태껏 보지 못한 시원함(폭포수)과 미끈미끈함(유리 박스)으로 폭염에 시달리는 지친 시민들에게 다가간다. 물리적으로는 작은 건물이지만, 메시지 차원에서 보면 크다. 밀라노 애플스토어는 완만한 계단 광장에 서 있는 유리 탑이고, 무더운 도시에 더위를 밀어내는 폭포수다.

밀라노의 랜드마크로 두오모 성당과 유리 아케이드(두오모 광장 옆 19세기 유리 천창 아케이드 쇼핑몰 비토리오 에마누엘레 2세 갤러리아, Galleria Vittorio Emanuele II)가 있다. 애플스토어는 이들에게 도전장을 내민다. 리버티 광장에 새로 들어선 애플스토어는 주차장 광장을 노천극장 광장으로 바꾸었다. 이 비움으로 리버티 광장(Piazza Liberty, 자유 광장)은 주위를 감싸는 빽빽한 돌 건물 사이에서 숨 쉴 틈을 준다.

이탈리아반도의 산세 흐름을 보면, 강이 흐르는 평야지대가 북부이다. 곡창지대이자 뱃길이었던 이 지역에 사람들이 모여 살았고, 그래서 오늘날까지 상업과 공업이 대부분 이탈리아 북부에 포진한다. 14세기를 주름잡던 북부 지역의 무역 허브 도시가 동쪽 베니스와 서쪽 제노바다. 산맥 구조와 저지대 물길 구조와 해상 무역로를 지도로 살펴보면, 14세기 왜 이들이 이스탄불(전 콘스탄티노플)을 이어 유럽과 중동과 아시아 중계 무역으로 부상했는지 알 수 있다. 밀라노는 이 두 도시에 비하면 후발 주자이지만, 오늘날에는 이탈리아를 대표하는 글로벌 파워하우스다. 증권거래소(Borsa Italiana)가 있고, 유럽 패션과 디자인의 허브이고, 금융과 기술과 제조와 미디어가 있는 대표 도시다.

밀라노는 물리적으로 구도심 내성과 신도심 외성이 있다. 밀라노 내성은 로마 시대(기원전 1세기경)에 시작한 것을 12세기에 확장·강화했고, 14세기 비스콘티(Visconti) 가문의 리더십 아래 보강했다. 비스콘티 가문은 외성 건설도 시작했고, 이후 스포르차(Sforza) 가문이 외성을 완성했다. 오늘날 '르네상스 담장(Renaissance Walls)'이라 불리는 외성은 중세와 르네상스를 거쳐 15세기경 완전한 형태를 갖추었다.

르네상스 시대(15~16세기)에 접어들면서 밀라노는 원근법과 클래식 비례론을 도입하여 질서와 대칭을 반영한 광장과 넓은 거리를 도입했다. 밀라노는 피렌체나 로마와 어깨를 나란히 하며 이탈리아의 르네상스를 대변했다. 개발 '전주(錢主, 투자자)'는 스포르차 가문이었다. 이때부터 리버티 광장도 중요한 밀라노 광장으로 자리잡았다.

17세기부터 밀라노에서 섬유 산업과 은행업이 부상했다. 이 시기부터 밀라노 건축은 바로크 양식을 채택하며 극적인 외관과 장식적인 내부와 동적인 공간을 지향했다. 리버티 광장에 부유한 상인과 은행가 들이 화려한 주택과 건물을 지었다. 1714년 오스트리아 합스부르크 왕가가 밀라노를 접수하여 무역 네트워크와 산업화에 박차를 가했

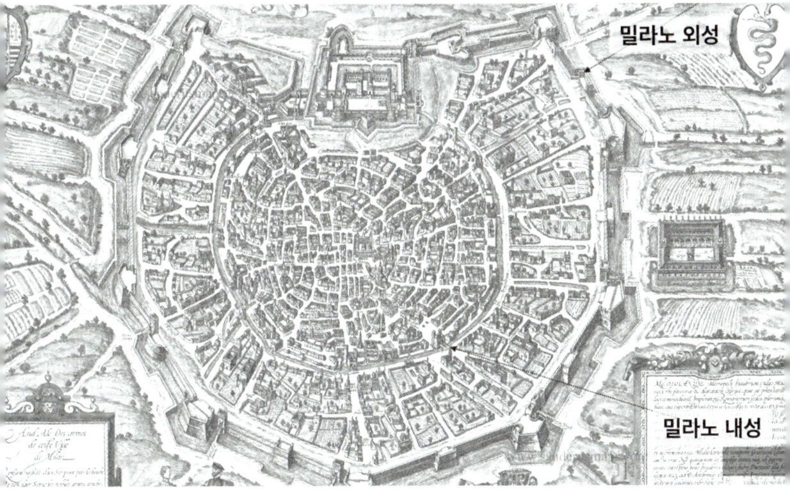


다. 하지만 정치적으로는 혼란스러웠다. 밀라노는 스페인과 오스트리아의 지배를 번갈아 받았다.

19세기 산업혁명으로 밀라노에 철도와 공장이 들어서면서 도시 경제가 크게 성장했고, 리버티 광장 근처도 대대적인 도시 재정비를 거쳤다. 중세식 미로 같은 골목길은 직선적인 대로로 바뀌었고, 인구 증가에 따라 도로와 공공 공간도 확장했다. 이 시기부터 밀라노는 이탈리아 경제와 산업을 견인하는 실세로 성장했고, 도시는 이를 물리적으로 반영했다.

19세기 밀라노는 파리 재건 사업인 오스만(Hausmann)식 도시 모델을 채택하여 골목길 어반 그리드를 원활한 물자 흐름을 위해 넓은 대로 체계로 바꾸었고, 시민의 건강을 위해 공공 공원을 지었고, 광장과 랜드마크의 구조를 강화했다. 리버티 광장을 포함한 두오모 광장 및 밀라노의 주요 광장은 이때 더 팽창했다. 두오모 광장에 비해 규모는 작지만, 리버티 광장은 밀라노의 상업과 주거를 연결하는 중요한 역할을 했다.

파리의 오스만식(대형 간선도로 체계 구축) 도로 개발로 내성의 많은 부분을 철거했다. 무기 발달로 기존 내성의 방어 기능이 약해진 점도 한몫했다. 오늘날 밀라노 내성은 포르타 로마나와 포르타 베네치아 지역에만 일부 남아 있다. 그에 반해 외성은 더 많이 남아 있다. 스포르차성(Castello Sforzesco), 포르타 로마나, 포르타 티치네서, 포르타 가리발디 지역에 외성이 남아 있다.

20세기 들어 파시즘 군수 도시로 밀라노를 본 연합군은 광범위한 폭격을 가했다. 리버티 광장 재건은 전후 회복의 상징으로 떠올랐다. 전쟁 후 경제 호황기 동안, 밀라노는 유럽의 패션과 디자인 수도로 떠올랐다. 리버티 광장은 그 중심이었다.

애플스토어 개장은 리버티 광장의 새로운 장을 여는 사건이었다. 포스터가 디자인한 이 애플스토어는 밀라노 현대 건축을 대표하면서 동시에 밀라노 건축적 전통을 현대적으로 담는다. 리버티 광장 애플스토어는 도시의 소란함과 숲속의 고요함이 공존한다는 차원에서 밀라노의 축소판이라고 할 수 있다. 고요한 돌 광장에 투명 유리 상자에서 쏟아지는 폭포수는 영혼을 촉촉이 치유한다. 리버티 광장 애플스토어는 폭격으로 끊어진 공간적 끈을 다시 잇는 행위이자 느슨해진 역사적 끈을 다시 당기는 행위이다.

도시적 맥락 차원에서 리버티 광장은 19세기 밀라노 쇼핑 문화를 상징하는 비토리오 에마누엘레 2세 갤러리아(Galleria Vittorio Emanuele II) 인근에 있다. 19세기 파리와 런던의 유리 천장 아케이드 몰처럼 이곳은 밀라노를 대표하는 19세기 쇼핑 아케이드다. 고전주의 양식 입면이 3층 높이로 십자형 평면으로 퍼져 나가고, 유리 천장에서 쏟아지는 부드러운 지중해 태양이 입면에 그림자를 채운다. 비토리오 엠마누엘레 2세 갤러리아가 19세기형 밀라노 대표 광장이라면, 리버티 광장 애플스토어는 21세기형 밀라노 대표 광장이다.

리버티 광장은 유럽 전역에서도 경제 및 상업 허브로 유명하다. 유명 메이커 매장들이 많고, 기업 본사와 은행이 많다. 그리고 인근은 부촌 지형으로 부자들의 집이 많다. 근처에 고급 번화가 비아 몬테나폴레오네(Via Montenapoleone)와 코르소 비토리오 에마누엘레 2세(Corso Vittorio Emanuele II)가 있다. 또한 포르타 누오바(Porta Nuova)와 포르타 로마나(Porta Romana)와의 근접성은 리버티 광장의 전략적 위치를 더욱 강화한다.

포르타 누오바는 밀라노에서 가장 뜨겁게 개발하는 비즈니스 구역 중 하나다. 포르타 로마나는 법률, 금융, 컨

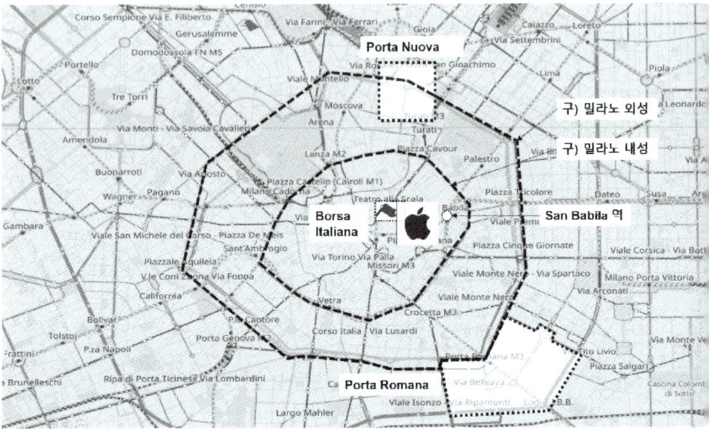


밀라노의 내성과 외성 및 주요 랜드마크 광장과 건축을 보여주는 다이어그램(좌). 밀라노의 중심인 두오모 광장과 비토리오 엠마누엘 2세 갤러리아 유리 십자형 아케이드와 리버티 광장의 관계를 보여주는 확대 다이어그램(우).

설팅 분야의 권위 있는 기업들이 자리한다. 밀라노 증권 거래소(Borsa Italiana)가 또한 리버티 광장 인근에 있다. 애플이 리버티 광장에 매장을 세운 이유다.

밀라노는 밀라노공과대학(Politecnico di Milano), 보코니대학(Università Bocconi), 밀라노대학(University of Milan) 학생들이 디지털 환경을 선도한다. 이들은 애플의 주요 고객층이며 또한 애플의 주요 전도사이다. 애플은 살로네 델 모빌레(Salone del Mobile, 밀라노 디자인위크)와 같은 밀라노 문화 행사에 참여하여 도시 디자인 커뮤니티와의 유대를 강화한다. 밀라노의 애플스토어는 도시 조직뿐만 아니라 사회 조직에 깊숙이 들어가 이탈리아 건축사와 소통하고 커뮤

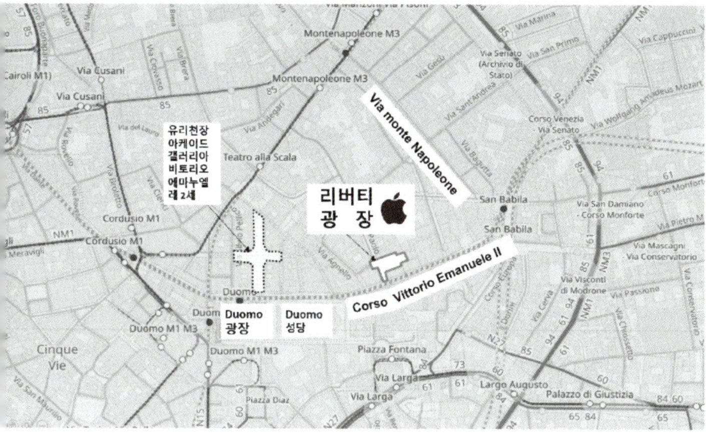


니티와 관계한다. 또한 밀라노가 유럽 내 글로벌 비즈니스, 문화, 기술 중심지로 성장함에 따라, 애플은 남부 유럽에서 이름을 높이고, 동시에 혁신적인 애플스토어를 발판 삼아 밀라노의 글로벌 명성을 높여준다. 이 점에서 애플과 밀라노는 상호보완적이다.

애플과 밀라노라는 두 바퀴를 구성하는 바큇살은 기술과 혁신과 디자인이지만, 두 바퀴의 린치핀(linchpin)은 체험과 관계이다. 특히 밀라노 애플스토어는 뉴욕 5번가 애플스토어, 샌프란시스코 애플스토어, 싱가포르 마리나 베이 애플스토어, 방콕의 라차프라송 애플스토어와 더불어 애플이 작정하고 세운 대단히 우수한 애플스토어 중 하나다.

리버티 광장 애플스토어 바탕은 돌계단 광장이다. 광화문 광장같이 길고 널찍한 국가 광장도 있지만, 도시를 숨쉬게 하는 것은 이런 도심 중심에 있는 작은 광장이다. 경계는 다른 건물이 서 있고, 중앙을 비우면 나오는 시민의 호흡 공원 같은 이런 곳이 많아지면 그 도시는 글로벌 도시이고 그 나라는 선진국이라고 생각한다.

완만하게 경사진 이 바닥은 지하로 유도하는 램프이면서 점심시간에는 사람들이 앉아서 샌드위치를 먹는 돌바닥 극장 광장이다. 광장 끝에는 폭포수가 쏟아지는 직방체 유리벽이 있고, 계단 광장을 이루는 계단 디딤판 수직 부재는 유리로 마감되어 지하층 매장을 볼 수 있다. 애플의 호객 행위는 광고판 글자 크기에 있지 않고, 폭포수와 계단참 사이에 있다.

유리 사용은 투명 사회를 지향하는 애플의 이념이자 또한 인근의 석조 건물을 더 돋보이게 하려는 애플의 비움이다. 유리벽은 건축이되 건축이 아니고자 하는 애플의 구호인데, 이곳 리버티 광장에서도 뉴욕에서와 마찬가지로 자기를 낮추고 주위를 보다 세운다. 유리 상자에 폭포수의 외투를 입혀 유리와 물이 경쟁적으로 비현실이 되고자 한다. 물은 어디서 나오고 어디로 흘러들어 가는지 분석하기 이전에 폭포수의 흐름이 분석을 유보시킨다. 밀라노 애플스토어의 유리 상자는 폭포수 그릇이고, 호기심을 유발하는 잠망경 박스이다.

매장 내부는 마감재의 위계와 협주이다. 유리와 강철, 나무와 돌은 모든 애플스토어의 공통 분모이지만, 각 매장에서 이들의 변화와 변주는 매번 다른 모습으로 다가온다. 하나 속에 무한이 있고, 무한 속에 하나가 있다.

야외에서 본 유리는 내부로 이어진다. 안에서 광장 주위가 보이고, 지하에서 빛이 떨어지며, 심리적으로 무거울 수밖에 없는 지하 공간을 정서적으로 가볍게 한다. 빛을 결에 따라 지하에서 연출하기 위해서는 먼저 그림자를 농도에 따라 조직해야 한다. 그 과정 중에 어둡고 좁고 눅눅하고 폐실 공포증을 유발할 수 있는 지하 공간이 밝음과 개방감과 뽀송뽀송함으로 바뀐다. 밀라노 애플스토어의 지하 매장은 어둠이 바탕이며, 폭포수를 통과한 빛과 계단참 사이를 비집고 들어온 빛의 합동 연출이다.

강철은 소량으로 사용하지만 비중이 높아(물의 비중 1, 철의 비중 8) 무거움과 강함을 전달하며 동시에 유리(유리의 비중 2.7)의 가벼움과 정밀함을 전달한다. 강철은 최소한으로 사용하며, 아주 세련된 선을 선보여야 애플 디자인 철학의 제 1원칙 '미니멈'을 완성한다. 또한 강철의 강인함은 나무의 부드러움(나무의 비중 0.7)에 대비하고, 강철의 반사성은 유리의 투명성과 대비한다.

애플스토어 내부에 사용한 나무는 오크(참나무)는 강철의 차가움이나 유리의 투명함과 다르게 따스하고 표면에서

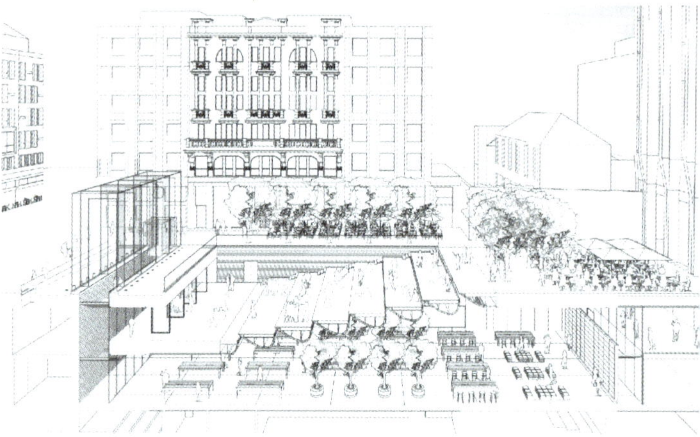

밀라노 애플스토어의 계단 광장과 지하 매장의 관계를 보여주는 단면 투시도(좌). 폭포수 사이로 보이는 지하 내부(우).

나이테가 그리는 문양으로 촉각과 질감의 세계를 소개한다. 나무의 따스한 톤은 강철과 유리의 날카롭고 세련된 기계적 표면을 부드럽게 순화하고, 무기질 재료가 전하는 공장-생산 아우라에 유기질 재료가 전하는 따스함을 포갠다.

돌은 밝고 중후하다. 나무는 짙고 푸근하다. 유리와 강철은 맑고 차갑다. 돌은 안정감을 준다. 나무도 마찬가지라서, 이 두 재료의 안정감은 유리의 투명함과 강철의 정밀함과 어우러져 천상으로 솟을 수 있는 공간을 지상으로 붙든다.

매장 내부는 자유로운 이동과 상호작용을 가능하게 하는 개방적이고 넓은 레이아웃이 특징이다. 전통적인 벽을 없애고, 대신 미니멀한 가벽과 진열대를 사용하여 방문

객을 시원하고 섬세하게 유도한다. 테이블은 광택 있는 나무로 제작했고, 곳곳에 대칭적으로 배치하여 제품과의 상호작용을 촉진한다.

공간 조직은 유동성이 있고, 마감재의 위계는 공간의 유동성을 돕는다. 돌, 강철, 유리, 나무의 밀도가 동적인 대비를 이루어 고객들이 매장을 두루 다니도록 유인한다. 각 마감재의 배치는 의도적이다. 예를 들어 돌은 높은 발길이 있는 입구에 사용하여 견고하고 단단한 느낌을 준다. 반면 나무는 상호작용을 유도하는 구역에 배치하여 고객들이 더 오래 머무를 수 있도록 따뜻하고 친근한 분위기를 만든다.

건축 기술(구조, 시공, 및 재료 기술)과 애플 기술의 통합은 애플스토어 디자인에서 중요하다. 쌍방향 디스플레이,

촉각적 디지털 스크린, 스마트 조명 시스템이 물리적 건축 공간과 자연스럽게 통합한다. 매장 마감재와 제품 스크린이 하나의 연속된 체험으로 고객에게 다가간다.

애플스토어 유리벽은 낮 동안 자연광을 내부 공간으로 유입하여 밝고 열린 느낌을 준다. 저녁에는 인공조명이 유리벽을 통해 광장으로 퍼진다. 또한 조명은 공간 마감재와 반응한다. 내부의 개방적인 레이아웃과 유리 천장 사용은 인공조명의 필요성을 낮춘다.

매장 마감재는 맥락 관계를 증진한다. 유리는 매장과 외부 광장 간의 시각적 연결이며, 돌과 나무는 매장을 풍성한 밀라노 건축 역사에 새롭게 뿌리내린다.

리버티 광장 애플스토어는 상업 건축이 매출 상승이라는 천편일률적인 효율 중심 접근 방식을 넘어서는 새로운 건축적 가능성을 제시하며, 미니멀한 마감에 시원한 몰입감을 창출한다. 혁신적이면서도 참여적인 문화를 새롭게 조직한다. 이는 다국적 기업의 사회 환원의 한 형태로서 낡은 도시 조직을 새롭게 하는 내부 광장의 새로운 도전이다.

4장

# 랜드마크라면 이 정도는 해야지!

쇼핑몰 연계형 애플스토어

## 방콕 애플스토어

방콕 애플스토어는 라차프라송에 위치한 센트럴월드 백화점 앞 광장에 있다. 필자는 2023년 8월에 성균관대학교 건축학과 학생들을 인솔하고 동아시아 국제 워크숍에 참석하면서 타이페이 애플스토어에 갔었고, 이어서 다음해 2024년 8월에는 방콕 애플스토어를 직접 방문했다. 타이베이의 신이지구와 마찬가지로 시암스퀘어 라차프라송은 방콕에서 가장 상업적으로 앞서는 신도심이다.

방콕 구도심은 도시 서쪽에 있는 왕궁 근처였다. 구도심은 3차에 걸친 반원형의 운하 건설로 물자를 이동시켰고 확장했다. 20세기 초 방콕 구도심 CBD는 오늘날 신도심 CBD인 시암스퀘어가 아니라, 서쪽 강변 왕궁 근처의 왕부라파(Wang Burapha)였다. 우리 식으로 치자면, 사대문 안 강북이 왕부라파이고, 강남이 라차프라송이다.

왕부라파에 방콕의 왕궁과 구시청과 차이나타운이 있다. 강을 접한 이곳으로 방콕에서 가장 먼저 외래 문물이 들어왔다. 덕수궁과 명동처럼 왕부라파는 외래 선진 문물 아울렛이었다. 이곳은 방콕 시민들이 서구 문화를 처음으로 접한 장터였다. 20세기 초부터 중반까지 왕부라파에 근대를 상징하는 극장과 카페, 백화점과 아케이드가 들어왔다. 킹스 극장(Kings Theater) 같은 영화관, 나이팅게일-올림픽(Nightingale-Olympic) 백화점 및 왕부라파 쇼핑 아케이드(Wang Burapha Shopping Arcade)가 이곳에 있었다. 방콕 전역과 수도권에서 최신 패션과 스타일을 찾기 위해 몰려드는 사람들로 왕부라파는 붐볐다. 20세기 중반 왕부라파는 방콕에서 가장 국제적인 핫플이었다.

오늘날 왕부라파에서는 방콕의 옛 정취가 물씬 난다. 강과 왕궁 옆에서 도시 밖 물자를 도시 안으로 가져와 유통하는 곳이다. 이곳 골목길은 여전히 구도심의 정취가 물씬 난다.

1970년대부터 방콕의 상권 지형에는 뚜렷한 변화가 나타났다. 왕부라파는 쇠퇴하기 시작했고, 상권은 동쪽으로 옮겨가기 시작했다. 이 변화를 촉발한 요인은 인구 폭증과 교통 혼잡이었다. 왕부라파의 좁은 도로는 늘어나는 교통량과 상업 활동을 수용하기에 절대적으로 부족해서 방콕이 팽창할수록 접근성이 떨어졌다. 또한 방콕 중산층의 경제적인 성장은 조금 더 현대적이고 고급스러운 쇼핑을 원하기 시작했다.

시암(Siam)과 라차프라송(Ratchaprasong)은 그러한 시대적 요구 속에 탄생했다. 시암 지역 발전에서 주목할 만한 사건 중 하나는 1962년 수안 루앙 시장(Suan Luang Market)에서 발생한 대화재다. 이 시장은 방콕 전통 노천 시장으로 상인들과 시민들에게 매우 인기가 많았으나 당시 시장 대부분의 시설물이 전통 목조 구조였기에 화마가 대부분을 삼켰다.

방콕의 시민들은 화마로 손상된 수안 루앙 시장을 옛 모습으로 복원하는 대신 다른 길을 택했다. 방콕에 있는 쭐랄롱꼰 대학교(Chulalongkorn University)의 건축학과 교수들의 지도 아래, 수안 루앙 시장 자리에 오늘날 방콕 신도심 번화가의 상징인 시암스퀘어가 탄생했다. 시암은 왕부라파를 대체하는 방콕 핵심 신도심 상권으로 부상했다.

본래 시암은 일종의 대학로로서 학생들을 겨냥한 소규모 필지에 소매점이 많았다. 1970년대 초까지만 해도 마치 서울 혜화동 대학로처럼 카페, 패션, 극장 등의 중심지였다. 시암스퀘어는 단순한 쇼핑을 넘어 방콕 젊은 세대의 갈증을 해소하는 장소였다. 이는 구도심 왕부라파보다 조금 더 젊고, 더 역동적이고, 더 글로벌한 대학생 취향이었다.

10대와 20대의 젊은 기운은 글로벌 자본을 시암으로 끌어들였다. 1973년 방콕 최초 글로벌 쇼핑몰 중 하나인 시암센터(Siam Center)가 들어섰다. 방콕 최초로 에어컨을 실내에 틀어 열과 땀에 찌든 젊은이들에게 시원함과 쾌적함으로 다가갔다. 시암센터의 인기는 대단했다. 시암센터의 성공은 더 많은 대형 매장을 시암스퀘어로 불러들였다.

1985년 MBK 센터 백화점이, 1997년 시암디스커버리 백화점이, 2005년 시암파라곤 백화점이 개장했다. 네온 사인으로 시작한 시암센터는 점차 미디어월과 화려함, 전자 제품과 자동차 매장이 붐비는 장소(라차프라송)로 변해갔다.

21세기 들어서 라차프라송(시암스퀘어 확장지구)이 고급 쇼핑 및 호텔 지구로 발전하며 게이손빌리지(Gaysorn Village) 및 아마린플라자(Amarin Plaza) 백화점이 들어왔다. 또한 5성급 호텔인 그랜드 하얏트 호텔, 인터콘티넨탈 호텔 및 르네상스 호텔이 들어왔다. 낮이나 밤이나 이곳은 엄청난 인파로 붐빈다. 애플은 라차프라송의 중심인 라차담리로와 플런칫로 교차로에 애플스토어를 세웠다.

라차프라송은 계속 덩치를 키우며 하나의 거대한 상업 띠를 형성했다. 이들 백화점은 공중 보행교인 스카이워크로 연결되어 있다. 무더위에 푹푹 찌는 방콕에서 스카이워크는 지붕이 있는 공중 보행교다. 스카이워크 대신 에어컨으로 시원한 백화점 내부를 통해 도시 블록 여러 개를 관통할 수 있는 곳이 바로 라차프라송이다.

시암스퀘어에서 도보 거리에 있는 실롬-사톤(Silom-Sathorn District) 지구는 방콕 신도심 금융가다. 글로벌 은행, 세계적 보험사, 재벌 대기업 타워가 위치한다. 그러다 보니 실롬-사톤 최첨단 마천루 펜트하우스 레스토랑과 전망대-바(Bar)는 야경으로 인기를 끈다. 이 중 요즘 가장 핫한 곳은 건축가 렘 콜하스가 디자인한 킹파워 마하나콘(King Power Mahanakhon) 마천루이다. 코너가 치즈처럼 파여 아슬아슬함을 부추겨 보는 재미가 있고, 전망대 레스토랑에서 화려한 방콕 야경을 보는 재미가 있다.

방콕 애플스토어는 시암역과 칫롬역 사이에 있다. 라차프라송에서 가장 화려한 백화점인 센트럴월드 앞이다. 서울의 강남대로와 테헤란로와 같은 도로가 방콕의 라차담리로(Ratchadamri Road)와 플런칫로(Phloen Chit Road, 혹은 Rama I Road)인데, 그 교차 지점에 애플스토어가 들어섰다.

방콕 애플스토어는 1990년대 후반에 개발한 BTS 스카이트레인(고가지상철) 교차로에 위치한다. 칫롬역과 시암역은 매일 수만 명의 통근자가 이용한다. 그리고 이 BTS 스카이라인은 라마 1 도로 위를 따라 지나가며, 센트럴월드(CentralWorld), 시암 파라곤(Siam Paragon), 시암센터, 시암 디스커버리(Siam Discovery) 등 시암스퀘어의 주요 백화점을 모두 연결한다. 철로 아래 스카이워크가 이들을 연결한다. 건축에서 위를 바라보는 것을 앙시(仰視)라고 하고, 밑을 내려보는 것을 부시(俯視)라고 하는데, 방콕은 스카이트레인에서의 보행 속도감 있는 부시와 스카이워크에서의 앙시가 매력적인 도시다.

라차프라송 지역의 애플 얼리어답터 인구층은 활력을 보장한다. 15~54세 연령대에 속한 이들은 혁신적 기술과 미래 디지털 제품에 대한 관심이 남다르다. 애플은 방

라차프라송은 시암스퀘어에서 가장 번화한 지역이다. 그중에서도 방콕 애플스토어가 있는 센트럴월드는 방콕의 핵심 번화가인 라차담리로와 플런칫로 교차로에 위치한다. 시암역과 칫롬역은 스카이트레인과 스카이워크가 있어서 그늘진 입체 보행 네트워크를 형성한다.

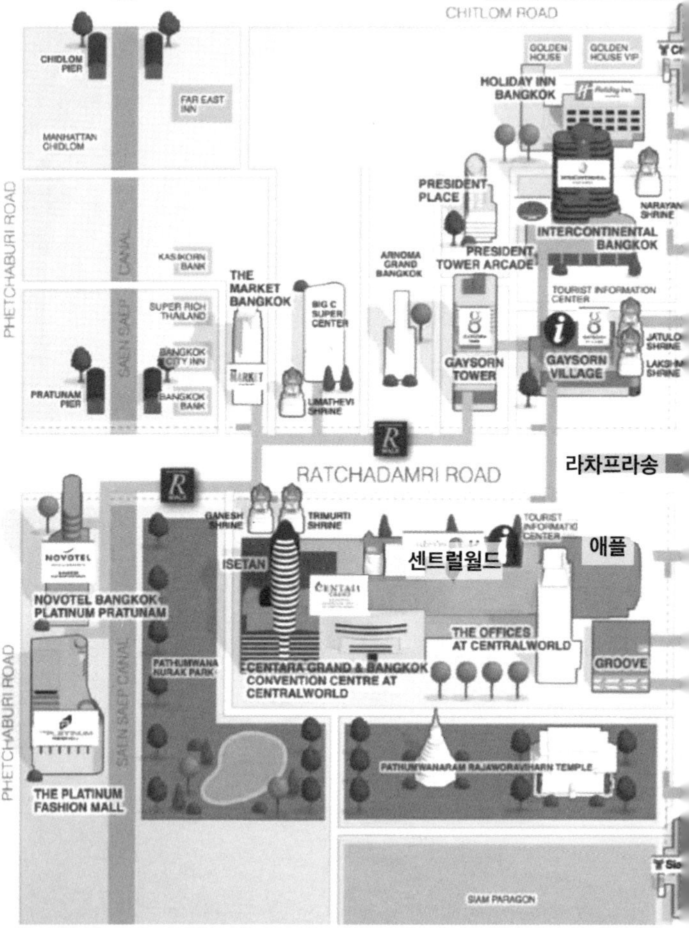

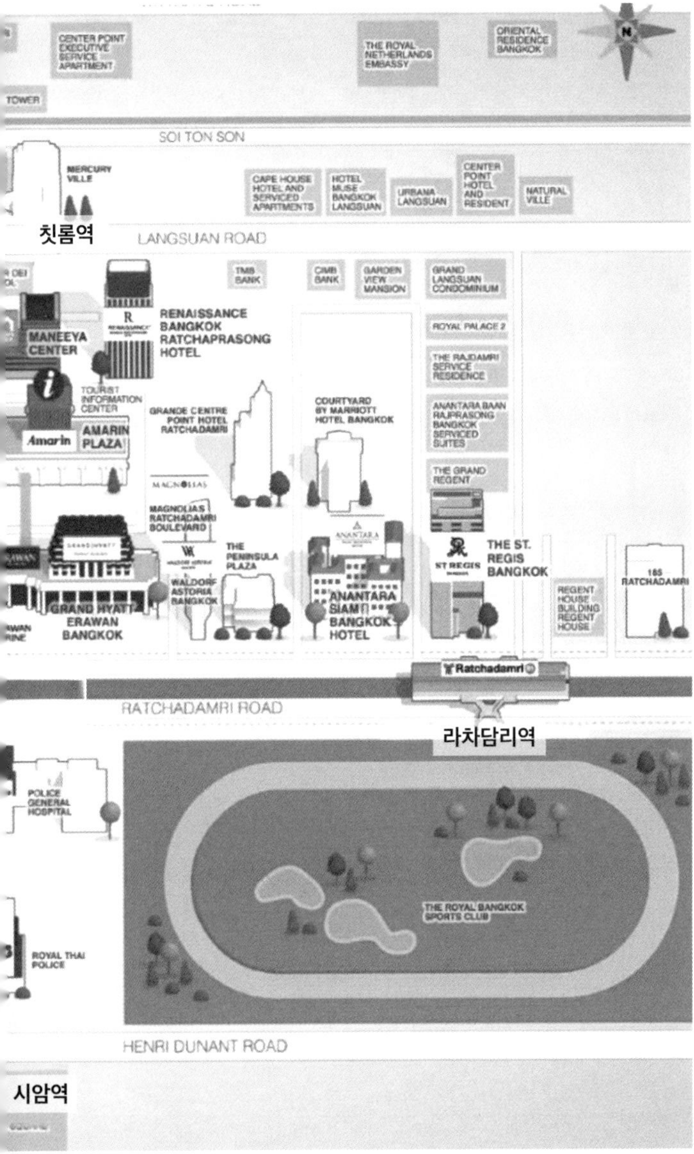
CENTER POINT EXECUTIVE SERVICE APARTMENT
THE ROYAL NETHERLANDS EMBASSY
ORIENTAL RESIDENCE BANGKOK
N
TOWER
SOI TON SON
MERCURY VILLE
CAPE HOUSE HOTEL AND SERVICED APARTMENTS
HOTEL MUSE BANGKOK LANGSUAN
URBANA LANGSUAN
CENTER POINT HOTEL AND RESIDENT
NATURAL VILLE
칫롬역
LANGSUAN ROAD
TMB BANK
CIMB BANK
GARDEN VIEW MANSION
GRAND LANGSUAN CONDOMINIUM
MANEEYA CENTER
RENAISSANCE BANGKOK RATCHAPRASONG HOTEL
ROYAL PALACE 2
THE RAJDAMRI SERVICE RESIDENCE
TOURIST INFORMATION CENTER
GRANDE CENTRE POINT HOTEL RATCHADAMRI
COURTYARD BY MARRIOTT HOTEL BANGKOK
ANANTARA BAAN RAJPRASONG BANGKOK SERVICED SUITES
Amarin
AMARIN PLAZA
THE GRAND REGENT
MAGNOLIAS
MAGNOLIAS RATCHADAMRI BOULEVARD
THE PENINSULA PLAZA
ANANTARA
THE ST. REGIS BANGKOK
ST REGIS
WALDORF ASTORIA BANGKOK
185 RATCHADAMRI
GRAND HYATT ERAWAN BANGKOK
ANANTARA SIAM BANGKOK HOTEL
REGENT HOUSE BUILDING REGENT HOUSE
Ratchadamri
RATCHADAMRI ROAD
라차담리역
POLICE GENERAL HOSPITAL
THE ROYAL BANGKOK SPORTS CLUB
ROYAL THAI POLICE
HENRI DUNANT ROAD
시암역

방콕 애플스토어의 영감이 된 터미널리아 나무와 애플 광장에 심은 실제 모습(상). 기둥이 눈에 띄게 적어서 아슬아슬해 보이는 지붕 구조와 곡면 유리 한 판의 크기가 범상치 않다(하).

콕 애플스토어에 건축적 힘을 실었다. 뉴욕과 싱가포르와 밀라노와 더불어 방콕 애플스토어는 세계 8대 애플스토어 중 하나다.

방콕 애플스토어는 포스터가 설계했고, 2020년에 준

공했다. 건물의 가장 큰 특징은 나무(터미널리아 나무) 모양 지붕인 캔틸레버 트리 캐노피(Cantilevered Tree Canopy) 지붕 구조다. 지붕은 겉보기에 마치 우산처럼 펼쳐져 있다. 중앙만 기둥이 두껍게 있고, 나머지는 기둥이 없어 보여서 마치 지붕이 떠 있는 것 같다. 이 거대 지붕이 어떻게 지지되고 있는가를 추론해보는 것이 방콕 애플스토어를 보는 재미다. 지붕의 지름은 24미터이다. 지붕은 지면에서 24미터 떨어진 높이에서 펼쳐져 있다. 그리고 지붕 처마는 유리 외피에서 3미터 이상 돌출해서 지붕의 거대함을 더 강조한다. 지하층에서 2층으로 이어지는 나무 줄기와 이로부터 우산처럼 펼친 지붕이 건물의 방콕 애플스토어의 강렬한 첫인상이다.

방콕 애플스토어는 센트럴월드 백화점 전면 광장에 지었다. 민감한 입체 교통 인프라를 존중하며 설계했다. 건축가는 주변 보행 광장에 등을 돌리지 않도록 원형으로 평면을 디자인했다. 광장 주변에는 애플스토어의 모티브가 된 태국의 상징나무를 심었다. 방콕 애플스토어의 포인트는 대형 천장을 곡면으로 처리한 점과 스테인리스 스틸로 마감한 계단 및 실린더 엘리베이터이다.

매장은 총 3층으로 구성했다. 지하 1층은 중앙 원통형 줄기의 시작점이고, 나선형 계단과 원통형 엘리베이터의 출발점이다. 1층 건물 주입구는 북쪽 라차담리로(Ratchadamri Road)를 향한다. 광장 바닥은 돌로 처리했고,

방콕 애플스토어의 디딤판 한 장의 입체적 조형성은 나무 마감 실린더에 지지되어 돌출하는데 디딤판의 모양이 3차원적 곡면이라서 여기서 비롯되는 그림자 효과도 다채롭다(좌). 엘리베이터실 실린더도 기둥과 마찬가지로

크롬으로 마감했다(우상). 계단 디딤판은 상부 석재 하부 크롬으로 마감했다(우하).

사진 © 이중원

같은 마감재로 돌 벤치를 만들어 두었다. 1층 중앙에는 지붕 지지용 줄기 구조와 이를 감싸고 올라가는 나선형 계단이 있다. 계단 때문에 뚫은 2층 슬래브 너머로 중앙 줄기가 지붕까지 솟구친다. 1층에는 얇은 강판 기둥과 강판 원통형 엘리베이터가 있다. 이들은 거울처럼 주위의 사물을 반사한다. 2층 원형 바닥이 지붕보다 작아서 마치 거대한 원형 모자를 쓴 기분이 내부에서 들게 한다.

내부 공간은 벽이 없는 개방형 구조다. 애플스토어 단면도는 건물 지붕과 중앙 줄기와 원형 바닥과 유리 외피의 관계를 보여준다. 건물 입면은 유리 외관의 투명성과 우산 모양의 지붕을 잘 보여준다. 여기서 유심히 봐야 할 부분은 지붕 슬래브와 2층 슬래브 에지 단면 모습이다. 지붕 슬래브는 볼록 부분이 하늘을 향하는데 2층 슬래브는 땅을 향한다. 왜 그랬을까?

잘 생각해 보면 간단하다. 건축가에게 2층 슬래브는 입면이 중요했고, 지붕 슬래브는 앙시가 중요했다. 앞에서 볼 때, 뚱뚱할 수밖에 없는 슬래브와 보를 얇게 보이게 하기 위해서는 볼록이 아래를 향해야 했고, 2층 슬래브의 에지보다 더 바깥으로 나간 지붕 슬래브는 밑에서 보았을 때 종잇장처럼 얇아 보여야 했으므로 단면 윤곽선을 뒤집었다. 군더더기는 없지만, 아주 중요한 디테일에 세밀하게 신경 쓴 점이 밀도감을 높인다.

트리 캐노피는 철 뼈대로 구성되었으며, 독일의 씨일

그룹(Seele Group)이 구조를 맡았다. 관전 포인트는 2층 슬래브의 지지와 유리 외피의 지지다. 2층 바닥은 얇은 기둥과 구조 유리가 함께 지지하고, 유리 외피는 12밀리미터 유리판을 여러 레이어로 붙여 설계했다. 지붕은 무게를 줄이려고 탄소섬유 강화 플라스틱 패널로 제작했다.

강판으로 제작한 조형적인 나선형 계단은 수직으로 7.5미터를 연결한다. 디딤판의 하부는 스테인리스 스틸이고 상부는 돌이다. 중앙 줄기 구조에서 캔틸레버 구조로 뻗는데, 디딤판 하부 강판이 지지점에서 멀어질수록 얇아지고 단면은 비행기 날개처럼 조형적이다. 이로부터 파생하는 반사상과 빛의 연출이 이 매장 내부의 백미다. 그림자와 강철 반사면의 빛 반사가 프리즘처럼 광원을 부채 모양으로 분산한다. 또한 계단 밑에서 보면 척추에서 뻗어 나온 갈비뼈를 보는 것 같은데, 원통형 엘리베이터 마감재가 이 모습을 반사한다. 뉴욕 애플스토어와 디딤판 모양은 같은데 건물 맥락이 달라 느낌은 다르다.

1층에는 총 18개의 얇은 스테인리스 스틸 기둥이 있다. 계단 주위에 5개가 있고, 유리 외피 곁에 13개가 있다. 이 얇은 기둥 배치가 가다가 사라져서 건축가라면 지붕을 지지하는 것이 기둥만이 아니라는 점을 쉽게 눈치챌 수 있다. 특히 계단실이 있는 부분의 기둥 배열을 보면 중앙 줄기도 기둥(내력벽) 역할을 하고, 엘리베이터 코어도 기둥 역할을 하고 있고, 슬래브는 풍하중 저항재 역할을 하고 있음을 어렵지 않게 유추할 수 있다.

내부 주요 마감재는 목재, 강판, 유리, 석재이다. 나무 마감재는 스위스의 목재 기업인 블루머-레만(Blumer-Lehmann) AG와 협력했다. 유럽산 화이트 오크를 사용했다. 트리 캐노피의 중앙 줄기는 따뜻한 톤의 목재로 마감했는데, 곡면이 많아 1,800개의 개별 오크 마감재를 주문 제작했다. 오크 마감재는 개별 라멜라(lamella)로 분리한 후, 안정성을 위해 스프루스 코어에 접착했다. 흡음 처리를 했고, 냉방 배출구 역할을 한다.

내부 목재 곡면 마감에는 세 가지 기술이 사용되었다. 수직 섹션은 약한 축을 따라 반경 2미터로 곡선을 형성했다. 수직 섹션과 수평 섹션 간의 전환을 위해 이중 곡선 오크 트러스가 제작되었다. 천장은 중앙 줄기에서 지붕으로 바뀐다. 오크 원재료를 자른 후, 이를 아치형 트러스에 접착하여 완성했다.

센트럴월드 애플스토어 인공조명은 천장 목재 원형 패턴을 따라 배치했다. 작은 조명은 천장 표면과 같이 정렬해서 천장 일부처럼 처리했다. 조명 색 온도는 따뜻한 톤으로 설정했고, 이는 오크 목재 마감과 어울린다. 건물의 원형 형태 덕분에 자연광 유입은 사방에서 간접광 형태로 들어온다. 반사 법칙에 따라 바닥에 반사한 자연 채광은 시시각각 아우라를 다르게 구성한다.

방콕 애플스토어는 센트럴월드 광장에서 라차담리로

교차로에 대응하며 주변 백화점과 호텔과 스카이트레인과 스카이워크와 대응한다. 트리 캐노피 구조의 방콕 애플스토어는 태국 터미널리아 나무를 주위에 심었고, 그 형태로 건축화했다. 그러면서 라차프라송과 관계를 맺고, 라차담리로와 소통하며, 방콕 신도심 CBD의 미래를 앞당긴다. 방콕 애플스토어는 싱가포르 마리나베이 애플스토어와 더불어 동남아시아 애플스토어의 투 톱이다.

## 싱가포르 애플스토어

싱가포르 마리나베이샌즈(이하 MBS)의 애플스토어는 물 위에 지은 수상 건축이라는 점에서 지금까지의 애플스토어와 다르다. 먼저 싱가포르의 두 정치 리더 스탬포드 래플스(Sir Stamford Raffles)와 리콴유(Lee Kuan Yew, 1923~2015)가 만들어간 싱가포르를 살펴보자.

19세기 영국인 래플스는 싱가포르강 어귀에 상륙했다. 래플스는 싱가포르가 믈라카 해협에서 해양 무역 거점으로서 매우 중요한 지리적 위치임을 인식했다. 싱가포르는 인도와 중국이라는 거대 시장의 중심지였고, 중동 이슬람 국가 상인들의 거대한 시장이었다. 래플스는 싱가포르가 거대한 글로벌 무역 활동의 중심지로 발전하기를 바라는 원대한 꿈을 꿨다. 래플스에 의해 싱가포르강은 최초의 무역항구로 지정되었으며, 주변 지역은 구도심 상업 중심지가 되었다.

1822년 래플스는 '래플스 플랜(Raffles Plan)'을 발표했다. 래플스는 영국인 구역을 중심으로 중국인 구역, 인도인 구역, 중동인 구역을 나누어 거주지를 지정했고, 이는 오늘날까지 싱가포르 해안가 구도심 골격을 형성했다.

1965년 싱가포르는 독립 국가가 되었다. 이후 발전은 싱가포르의 전설적인 정치지도자 리콴유 총리가 이끌었다. 독립 이전에 스탬포드 래플스가 있었다면, 독립 이후에 리콴유가 있었다.

래플스는 래플스 플랜에 따라, 무역 노선을 고려하여 수심이 깊은 싱가포르강 하구를 전략적으로 선택했다. 현재 '보트 키(Boat Quay, 보트 부둣가, 구도심 항구이자 시장)'로 알려진 지역으로 싱가포르강 어귀이다. 래플스가 이곳을 선정했을 당시만 해도 이곳은 강과 바다가 만나는 곳이었지만 이후 리콴유는 간척을 통해 외해를 내해와 육지로 만들었다. 바로 이 내해를 '마리나베이'라 부른다. 그러면서 보트 키의 구도심 상권은 마리나베이 신도심 상권으로 이동했다.

보트 키는 래플스가 싱가포르에 첫 발을 내딘 곳(오늘날 '래플스 상륙지') 강 건너편이다. 래플스 상륙지와 보트 키를 연결하는 다리가 '엘긴 브리지'이다. 19세기 동안 싱가포르강 어귀의 보트 키는 경제 활기를 맞았으며, 보트 키는 그 유려한 곡선 수변 덕분에 물품 적재 및 하역이 쉬웠고, 수변에 세워진 저층 건축 변화가는 아름다워서 경제활동이 활발했다.

래플스에 의해 시작된 싱가포르강 어귀(구도심)

Boat Quay 의 모습(구도심)

'보트 키'라 불리는 초기 싱가포르 항구는 마리나베이만과 싱가포르강이 만나는 강어귀였다. 싱가포르의 구도심과 신도심을 동서로 연결하는 주요 다리가 바로 엘긴 브리지다.

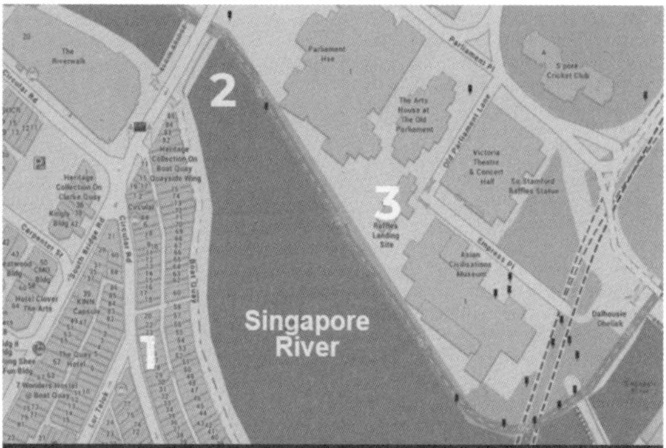


1- Boat Quay(구도심 항구)
2-엘긴 브리지
3-래플스 상륙지 부지

엘긴 브리지(Elgin Bridge)는 래플스 시대부터 싱가포르의 강북과 강남을 연결했다. 래플스 상륙지와 보트 키는 근대 싱가포르의 시작점이다. '골든 슈(Golden Shoe)'는 싱가포르 중심부에 있는 약 9만 평 크기의 땅이다. 신발 모양으로 생겨서 골든 슈라고 부른다. 흥미롭게도 골든 슈 지역은 한때 주거 밀집 지역이었다. 1956년 싱가포르 개발신탁의 조사에 따르면, 이 지역에는 약 18만에서 20만 개의 상가주택(래플스 무역로를 따라 있는 도시에 보편적으로 보이는 형식)이 있었으며, 이는 비위생적인 환경, 혼잡한 거리 등 잦은 문제가 발생할 정도의 밀도였다. 리콴유가 싱가포르의 CBD를 래플스의 보트 키에서 마리나베이로 확장한 것은 이런 문제들 때문이었다.

보트 키만으로는 증가하는 신규 기업, 금융 기관, 다국적 기업을 수용하는 데 어려움이 발생했다. 마리나베이는 싱가포르강 하구와 싱가포르 해협 사이에 새롭게 인공 간척지를 생성하여 기존 외해를 내해(마리나베이)로 만들어서 도시의 수변 공간을 대폭 늘리는 프로젝트였다. 리콴유의 지도하에 싱가포르 금융은 1980년대에 자유화되어 다국적 기업들이 모이기 시작했다. 싱가포르는 부패를 척결하고 효율적인 규제를 통해 친비즈니스 환경을 조성했다. 또한 낮은 법인세율과 다양한 세금 인센티브를 제공했다.

1980년대 초반 마리나베이 간척사업은 도심 내 개발 가능 토지 면적을 크게 증가시켰다. 1980년대 후반 마리나센터를 만들었고, 2000년대 들어 개정한 마스터플랜(이때 싱가포르 도시개발청인 URA의 직접적 관여와 학계의 NUS, NTUST와 미국의 MIT 건축학과 팀의 간접적 관여가 있었다)에 따라 마리나베이는 환상적인 글로벌 수변 마천루 지구로 탄생했다.

이는 타이베이의 신이지구, 방콕의 라차프라송에 버금가는 아니 어쩌면 당분간은 능가하는 싱가포르 신도심 마리나베이의 서막이었다. 싱가포르가 영리했던 점은 내해 다시 말해 자연(와해)에 인공(내해와 개발계획)을 가미하여 도심의 수변 길이를 대폭 늘리고 개발 가능 토지를 대폭 확대하여 금융과 문화 지구를 수변에 함께 둔 점이다. 도심에서 보행 수변 길이의 팽창이 도심에 미칠 긍정적 영향은 싱가포르의 마리나베이 구축 과정을 통해 많은 시사점을 던졌다. 그것은 도심과 부촌은 인구가 증가할 때 반드시 이동한다는 것이고, 또한 이동을 할 때는 토지 증가를 수변과 잘 섞어 만들어야 시원하고 신나는 보행 도심이 나온다는 것이다.

요약하면, 싱가포르는 래플스 플랜에 따라 첫 씨앗을 놓았다. 그 후, '리(Lee) 플랜'에 따라 보트 키 구도심은 마리나베이 신도심으로 이동했다. 싱가포르의 급격한 성장은 도시 수변 풍경에 큰 변화를 가져왔으며, 특히 광범위한 사업을 통해 나타냈다. 대표적인 예가 애플스토어가 있는 마리나베이 지역이다. 이곳에 '마리나베이샌즈(Marina Bay Sands, 이하 MBS, 건축가 모쉐 사프디, 2010년 준공)'와 '가든스

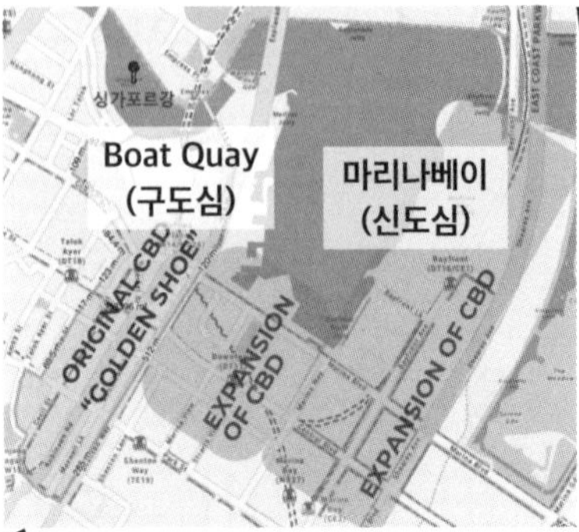


Prime
Location & Visibility

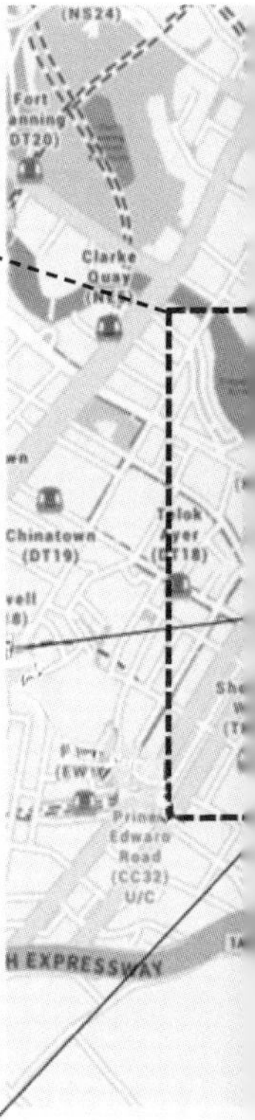

싱가포르의 구도심인 보트 키와 골든 슈와 신도심인 마리나베이의 단계적 개발 순서를 보여주는 다이어그램(좌상). 보트 키 저층 건물 무리에서 CBD 마천루 군을 본 모습(우상). 간척을 통해 마리나베이 사우스와 동쪽으로 팽창하고 있는 싱가포르의 모습(하우).

Apple MBS

바이더베이(Gardens by the Bay, 이하 GBB, 조경가 앤드류 그랜트와 건축가 윌킨스 아이어, 2012년 준공)'가 있다. 또한 싱가포르는 주얼창이 공항(Jewel Changyi Airport, 건축가 모쉐 사프디, 2019년 준공)을 통해 동아시아 대표 글로벌 관광 및 휴양 도시로도 부상했다.

마리나베이는 새로운 내해를 조성하여 싱가포르 신도심 CBD를 만드는 간척사업으로 크게 마리나센터, 마리나이스트, 마리나사우스로 나눈다. 애플스토어가 있는 곳은 마리나사우스다. 이 세 지역은 국가 기념행사와 공공행사를 위해 수변을 무대로 구성했다. 특히, 마리나사우스는 세 지역의 중심으로 싱가포르의 21세기를 상징한다. 이곳은 금융 중심지이자 시민 공간이자, 관광과 휴양 중심지, 쇼핑 중심지, 문화 중심지로 자리잡았다. 2023년 MBS에 1,360만 명이 찾았고, 2024년 1,650만 명이 찾았다.

애플이 마리나베이를 애플스토어의 목적지로 선택한 이유는 싱가포르의 과거와 미래가 공존하는 지점이기 때문이다. 또한 MBS와 GBB가 마리나베이에서 가지는 글로벌 위상과 가시성을 염두에 두었기 때문이다. 마리나베이는 구도심 금융가와 신도심 금융가 마천루를 지역적으로 연결하는 수변 공간이고, 거시적으로 보면 이곳은 중국 시장과 인도 시장의 중간 거점 허브이다. 건축적으로는 인공적으로 만든 내해 수변에 건축가 모쉐 사프디의 대형 수영장을 모자로 하고 있는 3동의 비정형 마천루(MBS)가 낮이고 밤이고 끊임없이 새로운 에너지를 발산하기 때문이다.

마리나베이는 수변 조건과 건축 조건이 교차하고 시너지를 내는 자리이고, 래플스와 리콴유의 비전이 생생히 보이는 역사적인 곳이다. 이런 조건과 비전이 포개지는 지역에 애플은 한 번도 지어본 적 없는 수상 애플스토어를 지었다. 어떤 면에서 애플은 도시의 하부구조인 자연조건과 도시의 상부구조인 건축조건을 수륙양용(水陸兩用)의 건축을 지어 마리나베이에 화룡정점을 찍고자 했는지도 모른다(태종 이방원의 요청으로 건축가 박자청이 지은 경복궁 경회루 같은). 호수 위를 수영하는 한 마리 백조처럼 MBS 애플스토어는  물 위를 구르는 '거품'이다.

애플 MBS는 형태적으로 물 위를 둥둥 떠다니는 수상 투명 유리 구체이다. 일몰에 바닷가 석양이 주는 핑크빛은 이 구체 표면 위에서 묘하게 굴절하고 반사하고 투과한다.

싱가포르 애플스토어는 세계 최초로 전면 유리 돔 구조를 완성했다. 낮에는 자연광을 담고, 밤에는 이 유리 돔에서 인공조명이 나와 수면을 밝힌다. 마치 물 위에 종이배를 띄워 한지 랜턴을 얹은 것과 같은 아련함과 연약함이 느껴진다. 포스터가 설계한 MBS 애플스토어는 2020년 9월 10일에 개장했다. 300평 지상 매장을 유리 돔이 덮고 470평 지하 매장은 에스컬레이터를 통해 거대한 MBS 운하 쇼핑몰로 이어진다.

애플은 개장 전 이 매장이 창의성의 중심이자 아이디어의 중심이길 원했다. 이곳에서 시민들이 연결하며, 새로운 것을 창조하는 마당이 되길 원했다. 마치 경회루처럼 형태상으로는 수면 위에 떠 있고, 내용상으로는 소비자보다 잔치에 초대받은 손님처럼 여겨지길 원했다. 밤이 되면, 유리 돔 안의 매장 조명은 수평 띠 루버를 지나 나온다. 일본의 조각가 이사무 노구치의 종이 오르가미(Orgami) 랜턴처럼 주변을 얇고 옅게 밝히고, 그 광원은 다시 수면에서 반사한다. 35미터 길이의 진입 수상 경사로는 자연스럽고 유동적인 방식으로 서서히 오르고, 서서히 선회하여 애플스토어 대문에 느리게 당도한다. 매장으로 바로 진입했다면 누리지 못했을 여유가 동선의 우회로 격조 있게 지연된다. 동선을 길게 늘여 좌측의 싱가포르 금융가 마천루군과 우측의 래플스 플레이스를 충분히 누리고 서서히 진입한다. 그래서 돔 공간까지의 여정은 조급하지 않다. 밤에는 다리에서 은은한 조명이 나온다.

이 길지도 그렇다고 짧지도 않은 진입 여정은, 방문객들에게 마치 고대 종교 건축의 '정화의 길(드로모스)'과 같이 앞으로 나올 공간이 예사롭지 않을 것 같다는 기대감을 준다. 신전 같기도 하고 방주 같기도 한 이 건축의 모습 때문에 필자처럼 '노아의 방주'를 연상할지도 모른다. 인류가 대홍수로 심판받기 전, 노아의 식구가 건넜을 선박 널빤지 다리가 이 진입 동선에서 떠오른다. 성경을 보면 노아의 방주는 역청으로 발라 검었을 것(마치 묘지의 관처럼)이고, 방향을 조정해야 하는 조타가 필요 없고, 하나님의 손길에 맡겨야 했다. 노아의 방주가 구별과 심판과 구원의 다리라는 점에서 모든 신전의 원형이다. MBS 애플스토어는 마치 방주처럼 지어졌다. 그것은 배이고, 구별된 자의 성소이고, 새로운 커뮤니티의 출발이라는 종교 건축의 함축과 상징을 따왔다.

유리 돔은 114개의 곡면 유리판으로 구성한다. 이탈리아 피렌체에 르네상스 시대에 건축가 브루넬레스키가 지은 돔처럼 MBS 애플스토어의 돔 정점(오큘루스)에서 돔 뼈대가 나온다. 이 유리 돔은 8칸(1번 밴드에서 8번 밴드로 분류한다)으로 귤처럼 나뉘어 구를 형성한다. 이 돔의 상부 반구는 유리고, 하부 반구는 유리가 아니다. 이 구형 돔은 건축적인 측면에서 마치 21세기형 판테온 같다.

내부 유리 돔 중앙 꼭대기에는 반투명 유리 크라운으로 이루어진 오큘루스(Oculus)가 있다. 오큘루스는 로마 판테온의 오큘루스처럼 원형이다. 판테온의 경우, 오큘루스 지름이 9미터이다. 이 천창에서 내부로 빛기둥이 꽂힌다. MBS 애플스토어의 유리 돔은 판테온 돔과는 역발상을 보여준다. 판테온은 빛을 차단한 불투명 돔이 어둠 속에서 오큘루스를 통해 빛 내림을 준다면, MBS 애플스토어는 투명한 유리 돔을 통해 사방에서 쏟아질 수 있었던 빛을 수평 루버 띠들이 거른다. 전자가 어둠이 배경이고 빛

마리나베이샌즈 최상층 수영장 전망대에서 수상에 있는 애플스토어와 마천루 금융가를 본 모습(좌). MBS의 구조와 최상층 수영장 전망대 길이를 애플타워와 비교한 모습(우).

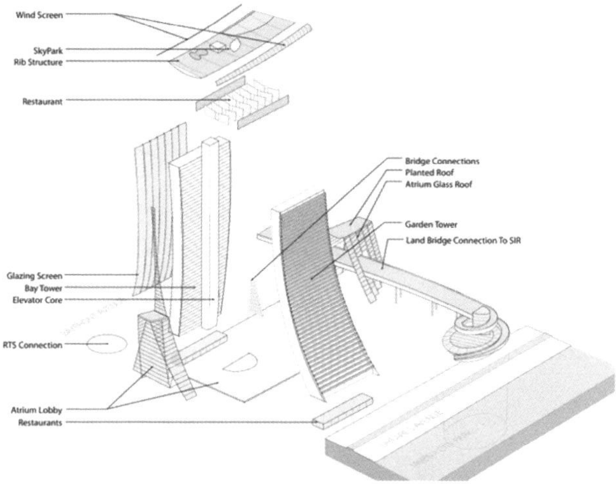
Wind Screen
SkyPark
Rib Structure
Restaurant
Bridge Connections
Planted Roof
Atrium Glass Roof
Garden Tower
Land Bridge Connection To SIR
Glazing Screen
Bay Tower
Elevator Core
RTS Connection
Atrium Lobby
Restaurants

Sky Park Observation Deck

내림이 전경이면, 후자는 밝음이 배경이고 그림자가 전경이다. 하늘과 사람을 매개하는 장치로서 건축을 생각한다면, 애플스토어의 유리 돔이 판테온의 돌 돔(stone dome)보다 수직성보다 수평성에 방점을 찍는다고 볼 수 있다.

애플스토어 돔은 직경 30미터, 면적 2,575제곱미터에 달하는 원형 평면 구조로, 마리나베이의 360도 경관을 내부로 끌어들인다. 방문객들은 수면 너머의 금융지구의 마천루 경관을 감상한다. 평면이 원형이라는 점에서는 방콕 애플스토어와 같지만, MBS 애플스토어가 3차원적인 투명 천장인 반면, 방콕 애플스토어는 2차원적인 우드 천장이다.

MBS 애플스토어 중앙에는 포룸이 있고, 반대편에는 원형 엘리베이터가 위치한다. 돔의 가장자리에 배치된 10그루의 나무는 휴식 공간을 제공하며, 돔 중심에는 지하로 연결하는 에스컬레이터가 있다. 지하 1층은 애플의 첫 '수중 회의실'로, "정말 물 속이란 말인가?" 하는 의문이 뇌리를 스친다. 이 생각은 "잠수 중에 대화를 한다고?"라는 의문으로 이어진다.

MBS 애플스토어는 지하 2층에서 MBS '더샵스(The Shoppes, 대형 운하 쇼핑몰)'와 폭 7.6미터, 길이 45미터의 수중 터널로 이어진다. 사실 애플스토어를 마리나베이 야외 수변에서 다리를 건너 입장할 수도 있지만, 역으로 곤돌라를 타고 내려 더샵스에서 에스컬레이터를 통해 유리 돔에 도달할 수도 있다. 어둠에서 점점 올라가며 밝아지는 측면에서는 이 진입 여정이 더 드라마틱한 빛의 변화, 시각적 트임, 차경의 밀도를 준다.

더샵스에서 시작하는 애플스토어 입구는 곡선형 벽으로 구분되며, 이 벽은 이탈리아산 대리석(Serpeggiante Castagna)으로 마감했다. 이 돌은 자연스러운 곡선이나 나뭇결 같은 독특한 무늬로 유명한 대리석이다.

북서 단면도를 보면, MBS 애플스토어는 지하 2층에서 지상 1층으로 올라갈수록 각 층의 천장 높이가 증가한다. 유리 돔의 정점은 천장 높이가 1층 바닥에서 무려 17미터에 달한다. 지하의 낮음에서 지상의 유리 돔의 높음으로의 이동이고, 어둠에서 밝음으로의 이동이고, 큐브형에서 구형으로의 이동이다. 높이 변화, 명암 변화, 트임 변화라는 세 가지 효과가 서로 상승 작용을 하며 영향을 끼치기 때문에 방문객이 체감하는 건축적 변화는 더욱 종교적이다.

북동 단면도를 보면, 더샵스가 애플스토어로 관통한다. 수면 아래 있는 긴 연결 통로를 지난다. 더샵스 내부에는 인테리어 운하가 있어 곤돌라가 다니고 유리 천장에서는 빛이 쏟아진다. 이런 몰(Mall)을 지나 잠수 중인 복도를 지나 애플스토어 유리 돔으로 올라간다.

운하 쇼핑몰을 지나 에스컬레이터를 타고 매장에 올라갈 때 에스컬레이터 터널은 반짝이는 스테인리스 스틸 마감재라 빨대 같은 효과를 준다. 여기저기 면에서 사람들을 일그러지게 반사하고, 그 상은 머리 위로 흐른다. '만화경적인' 동선을 지나 방문객은 지상 1층 유리 돔 공간이라는 명징하고 간결한 공간에 당도한다. 사방은 수변이고, 하늘은 높으며, 빛은 백색 수평 띠가 북쪽 푸른 빛깔의 빛이 순화한다.

MBS 수상 애플스토어는 도로 접근이 제한되어 시공 중에 자재를 바지선으로 운송해야 했다. 건축 작업은 임시 부교와 바지선을 사용하여 당국의 엄격한 규제를 준수하며 진행했다. 또 MBS 애플스토어는 수중 건축이어서 기초 공사 난이도가 높았다. 진흙 지반이어서 먼저 사각형의 댐을 사방으로 세워 물길을 차단했고, 그 안에서 건물의 무게를 고려한 말뚝을 깊이 박았다. 말뚝은 암반까지 내려갔다. 그 위에 뗏목 같은 건물 발바닥을 만들어 건물을 세웠다. 마리나베이 사우스가 내해이지만, 여전히 바람에 파도는 일렁였고, 이 움직이는 하중을 말뚝을 통해 암반까지 전달하는 것이 기초 공사의 도전이었다.

유리 돔은 무거운 유리 패널을 지지하는 강철 프레임을 먼저 짓고 무겁고 크고 휘며 스스로 단열하는 유리판을 부착했다. 유리 돔은 중심 오쿨루스(원형 창)의 원형을 빼면 모든 유리 곡면판이 위는 좁고 아래는 넓은 원뿔 형태다. 원뿔 형태는 반지름이 높이에 따라 변한다. 그래서 제작이 매우 어렵다. 얇은 유리판을 시루떡처럼 쌓는 공정을 '라미네이션(lamination, 적층 공정)'이라고 하는데, 이 두꺼운 원뿔형 유리 곡면들은 '콜드 벤딩(cold bending)' 중에 가한다. 이는 유리를 정밀하게 성형하고, 유리 중간층의 '전단강성(shear stiffness, 풍하중 같은 횡압력에 대응하는 구조적 조치)'을 높여 원뿔형 유리 곡면판의 변화 곡률을 완성하는 공정이다.

그러나 콜드 벤딩은 유리에 영구적인 '굽힘 응력(permanent bending stress)'을 유발한다. 그래서 원뿔형 유리판은 라미네이션 후에 곡면판의 초기 반동(rebound)으로 인해 곡률이 약간 손상을 주는 이를 잡아야 최종 외관에 영향이 없다. 이 미세하고 첨예한 문제를 해결하기 위해 이오노머(ionomer materials, 강한 중간층 자재) 기반 재료로 제작한 중간층을 끼워 넣어 반동 손상을 최소화하여 곡면 적층 유리판의 곡률을 유지한다. 요소 분석(FEA, Finite Element Analysis)을 통해 유리판의 초기 반동 효과를 잡고, 원뿔형 기하의 미세 변형을 잡았으며, 유리막 응력 최소화를 잡는다. 애플스토어 MBS의 유리 돔은 이처럼 머리카락을 나누는 수준의 섬세한 첨단 건축 제조 공정이 낳은 매력이다.

전면 유리 돔은 적도 날씨에도 적합한 성능을 보장해야 하는 도전이 있다. 이에 유리 곡면판은 단열 유리 유닛(IGU, Insulated Glass Unit)으로 제작한다. 유리 곡면판 사이에 공기층을 주입하여 단열 성능을 향상한다. 반면, 콘크리트 기초를 감싸는 유리 곡면판은 적층 유리로만 제작한다. IGU 내부의 공기압은 대기압, 고도, 온도의 변화에 따라 달라지며, 이러한 압력 변화는 기후 하중(climatic loads)이라

싱가포르 MBS 애플스토어의 외관과 내부(좌) 및 유리돔의 내부 모습(우).
MBS 몰 외부 수변을 따라서는 박물관과 애플스토어가 있다(중).

한다. 기후 하중은 유리에 추가적인 응력을 부과한다. 패널의 원뿔형 구조는 기하학적 강성을 높이는 동시에 평면 패널보다 기후 하중의 영향을 증폭한다. 모형을 제작하여 기후 하중의 장기 영향과 단기 영향을 나누어 성능을 검증한 후 시공한다. 단열 적층 유리 장치인 IGU는 오랜 시험 끝에 나온 과학 예술이다.

또한 유리 곡면판의 일부는(1번부터 8번 밴드의 유리 패널) 바람 하중에 견딜 수 있어야 한다. IGU 표면 유리에는 고성능 태양광 코팅을 적용해서 태양열 유입을 최소화하기 위해 그러데이션 점 패턴의 스크린 프린팅을 적용한다. 이 스크린 프린팅 패턴은 지면 3미터 이상에서 시작하여 위로 올라갈수록 밀도가 높아져 온실효과를 줄인다.

태양열 유입은 최소화하며 동시에 방문객의 눈높이에서는 조망 투명성을 극대화한다. 다양한 코팅과 스크린 프린팅 조합을 정밀하게 조정하기 위해 목업(현장 테스트 모형)을 활용한 광범위한 사전 실험을 했다. 유리 패널은 강철 상부구조에 연결된 판에 부착된 지지 블록을 통해 수직적으로 지지한다. 유리 돔 구를 8칸으로 나누어 1번부터 8번 밴드의 각 패널은 연속적으로 곡선 형태를 가진 스테인리스 강판과 결합하여 전단 연결을 최적화하고, 수평 하중을 효과적으로 분산한다.

애플스토어가 있는 마리나베이 사우스 수변은 영연방 수변 도시들의 수변 경관과 유사하면서 다른 독보적 경

B2 → B1

B1 → F1

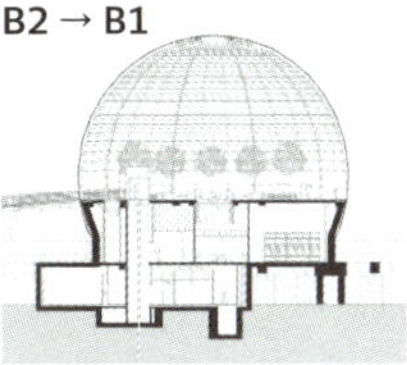

북서 단면도

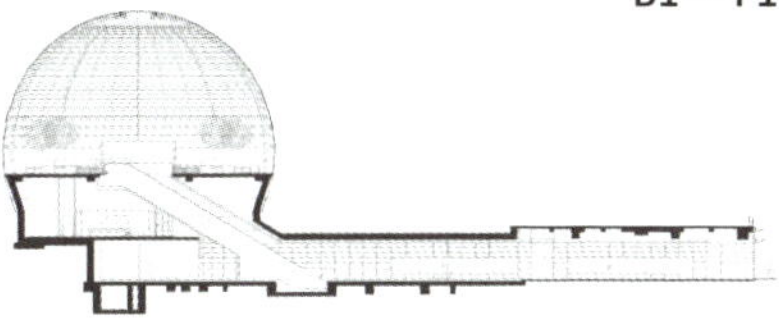

북동 단면도

MBS 애플스토어의 지하는 수면 아래 있고, 유리 돔 매장은 수면 위에 있다. 접근 또한 수변 광장에서 접근할 때는 북서 단면도처럼 브리지를 통해서 하고, MBS 몰에서 접근할 때는 북동 단면도와 사진처럼 에스컬레이터를 타고 접근한다. 더 드라마틱한 접근 방식은 후자다.

관을 선사한다.

건축가의 시선으로 본 애플스토어

**애플스토어에 가면 왜 기분이 좋을까**

1판 1쇄 인쇄 2025년 12월 3일
1판 1쇄 발행 2025년 12월 10일

지은이 이중원
펴낸이 유지범
책임편집 구남희
편집 신철호·현상철
외주디자인 심심거리프레스
마케팅 박정수·김지현

펴낸곳 성균관대학교 출판부
등록 1975년 5월 21일 제1975-9호
주소 03063 서울특별시 종로구 성균관로 25-2
전화 02)760-1253~4
팩스 02)760-7452
홈페이지 http://press.skku.edu/

ISBN 979-11-5550-687-5 03540